请停止精神内耗

避免人生脱序的25种心理偏误

[德] 莎拉·迪芬巴赫 —— 著

卜涵秋 —— 译

中国水利水电出版社
www.waterpub.com.cn
·北京·

内 容 提 要

这是一本帮助读者减少精神内耗的心理励志读物。

本书将心理偏误分为四大类：迈向成功与自我认知之路的心理偏误、迈向和谐与同理心之路的心理偏误、迈向幸福与自我实现之路的心理偏误、迈向真理与世界认知之路的心理偏误，并总结了25种让人"脱序"的心理偏误，辅以贴近生活的事例和科学研究，协助我们发现那些不经意间阻碍了自己的行为和思考。

图书在版编目（CIP）数据

请停止精神内耗：避免人生脱序的25种心理偏误 /（德）莎拉·迪芬巴赫著；卜涵秋译. -- 北京：中国水利水电出版社，2022.3（2022.10重印）
ISBN 978-7-5226-0497-8

Ⅰ. ①请… Ⅱ. ①莎… ②卜… Ⅲ. ①成功心理—通俗读物 Ⅳ. ①B848.4-49

中国版本图书馆CIP数据核字（2022）第030536号

Author: Sarah Diefenbach
Title: Wieso zwei halbe Stück Kuchen dicker machen als ein ganzes: Psychologische Denkfallen entlarven und überwinden
© 2019 by mvg, an Imprint of Muenchner Verlagsgruppe GmbH, Munich, Germany
All rights reserved.
Chinese language edition arranged through HERCULES Business & Culture GmbH, Germany.

北京市版权局著作权合同登记号：图字 01-2021-7410

书　　名	请停止精神内耗：避免人生脱序的25种心理偏误 QING TINGZHI JINGSHEN NEIHAO: BIMIAN RENSHENG TUOXU DE 25 ZHONG XINLI PIANWU
作　　者	[德]莎拉·迪芬巴赫 著　卜涵秋 译
出版发行	中国水利水电出版社 （北京市海淀区玉渊潭南路1号D座　100038） 网址：www.waterpub.com.cn E-mail：sales@mwr.gov.cn 电话：（010）68545888（营销中心）
经　　售	北京科水图书销售有限公司 电话：（010）68545874、63202643 全国各地新华书店和相关出版物销售网点
排　　版	北京水利万物传媒有限公司
印　　刷	天津旭非印刷有限公司
规　　格	146mm×210mm　32开本　6.5印张　122千字
版　　次	2022年3月第1版　2022年10月第2次印刷
定　　价	49.80元

凡购买我社图书，如有缺页、倒页、脱页的，本社发行部负责调换
版权所有·侵权必究

第1部 PART 01 | 迈向成功与自我认知之路的心理陷阱

第1章　自我破坏陷阱　/ 003
　　——有心人看到的是方法，无意者看到的都是问题

第2章　当下即永恒的谬论　/ 011
　　——我们总是习惯性地低估未来的自己

第3章　出于善意的认知偏差　/ 021
　　——善良的意图剥夺了我们清晰的思考

第4章　矛盾的心理自助或心理账户陷阱　/ 027
　　——为什么吃两个半块蛋糕比吃一大块蛋糕更容易胖

第5章　自我设限　/ 033
　　——对重要目标自我设限

第6章　自命清高效应　/ 040
　　——我们的道德优越感从何而来

第 2 部 | 迈向和谐与同理心之路的心理陷阱
PART 02

第7章 个人世界认知偏差 / 055
——为什么我们绝不可能真正了解他人

第8章 被拒千里的思考陷阱 / 066
——为什么我们总在最需要别人的时候将他们赶走

第9章 礼物的幻觉陷阱 / 073
——自私的行为披上了利他的外衣

第10章 归因偏差 / 082
——替他人的行为寻找原因常犯错误归纳

第11章 "我比你想象中更了解你"的错觉 / 090
——我们经常高估对他人的认识

第12章 情绪修复偏差 / 095
——我们越想化解冲突,就越容易弄巧成拙

第13章 极端化陷阱 / 101
——人们总是将彼此之间的鸿沟越挖越深

第3部　迈向幸福和自我实现之路的心理陷阱
PART 03

第14章　"只要相信你自己"的陷阱　　/　109
　　　　——我们总是把最后一分力气浪费在遥不可及的目标上

第15章　客观价值陷阱　　/　114
　　　　——炫目的数字阻止我们选择最开心的享受

第16章　理想化陷阱　　/　119
　　　　——为什么我们总是习惯美化陌生的人或事物

第17章　外在评价的陷阱　　/　124
　　　　——我们心甘情愿受人摆布

第18章　后悔最小化的偏见　　/　130
　　　　——害怕后悔阻碍我们迈向幸福之路

第19章　外行人的理性主义　　/　136
　　　　——我们因为忽略大局而背叛了幸福

第 4 部 | 迈向真理和世界认知之路的心理陷阱
PART 04

第 20 章　知识的假象　/ 147
——为什么我们不像自己想的那么聪明

第 21 章　超自然的幻想　/ 162
——为什么这个世界表面看似神秘，实则未必

第 22 章　策略迷思　/ 171
——为什么别人的成就好像经过深谋远虑

第 23 章　验证陷阱　/ 178
——为什么我们如此相信歪理邪说

第 24 章　专家陷阱　/ 186
——为什么我们总在特别擅长的领域局限自己的思考

第 25 章　纯粹公正判断的幻想　/ 193
——为什么心灵感染会阻止我们了解自己真正的想法

第1部
PART 01

迈向成功与自我认知之路的心理陷阱

第1章　自我破坏陷阱

——有心人看到的是方法，无意者看到的都是问题

汤姆打算戒烟。"这回我可是认真的。"下班后在啤酒吧里，汤姆对死党迪克这样说。

迪克满脸狐疑地反问道："你？这次是来真的？打算从什么时候开始？嗯，你现在还抽着烟呢……"

"一切必须按部就班地进行，不能着急。我仔细想了想——本周肯定没法戒烟，我们的企划案就快结案了，压力超大；如果现在戒烟，我肯定会马上再吸，最终搞得自己灰心丧气，以后恐怕再也没有勇气去尝试了。周末肯定也不行，星期天晚上还要参加一个生日派对。不过这样也好，我可以趁机把手里这包烟抽完，这样家里就没烟了。周一就开始正式不碰烟。"

"哦，听起来还真复杂。不过你考虑得如此周全，就祝你马到成功吧！"

星期一上午，汤姆果真在休息时间稳坐在办公室的座位上，而不是像其他人一样去吸烟区美美地吸上一根。

不过到了星期二，汤姆重新出现在吸烟区了。"真该死，外套口袋里居然还藏着半包烟！我必须现在把它解决掉，否则它总是诱惑我。"

隔了一天，迪克又一次撞见汤姆嘴上叼着烟，这回他听到了一个新的复吸理由："我必须把事情按优先级安排。昨晚我跟老婆大吵了一架，你知道的，最近我们的婚姻关系实在……她说的没错，只要我开始戒烟，我的脾气就会变得令人无法忍受，我现在不能这样对待她。一旦我们之间的危机有所缓和，我就开始戒烟。"

"这么说来，挽救婚姻和戒烟只能二选一？"迪克嘲讽地说。

"一点儿没错。"

"唉，说真的，在我听来，你的这些话全是瞎编鬼扯，你就是爱抽烟，压根儿没有下定决心戒烟，只不过不知道哪根筋搭错了才会产生这样的念头。你要想戒烟，必须发自内心地愿意！"

迪克的分析是对的。汤姆就是落入了自我破坏的陷阱中：他给自己树立了一个目标，继而又将一堆拦路石放在路中央，最终导致目标无法达成。从他叙述的戒烟故事中，我们可以清楚地看到每一块拦路石——只要压力大，我就必须继续抽烟；只要手边有烟，我就必须继续抽烟；为了挽救婚姻，我也一定要继续抽烟。

一般情况下，没有把目标真正地放在心上是导致自我破坏心理的重要原因。因为在你内心深处对实现目标的原始信念不够坚定，所以你的行动力便大打折扣。话说得很好听，但却缺乏达成目标的真实的内在动力，于是经常前进一步，又倒退两步，不但找不到解决问题的方法，还会不断引发新的问题，自然不可能获得成功。

汤姆戒烟之所以会失败，就是因为他的内心对此并不认同，于是不断地制造问题，在他戒烟成功的路上放置一块块"拦路石"。随着"拦路石"的数量和体积与日俱增，最终发展到了无法清除的地步——就连婚姻都被他拿来当作（暂时）不能戒烟的借口。而外在目标和内在动机之间之所以会产生这样的鸿沟，其中一个重要原因就是这个目标的确立并非发自本心，而是源于社会期待。

社会期待

　　社会期待是一个心理学术语，多在人格测验时用来描述人类的行为。在人格测验中，相当多的人并不愿意诚实地选择符合个人事实的答案，而是选择他们期待他人认为的比较好的答案，换言之，就是选择社会期望的答案。这种社会期待现象不仅出现在心理学问卷中，还出现在诸如选举问卷调查、求职面试谈话、拜访伴侣的双亲或朋友聚会等领域。

　　人们之所以不愿据实回答自己真正会采取的行为，就是因为他们确信这样的自己才是他人眼中比较正面的形象。他们从外界获得了一些认为自己理应拥有的意图和目标，比如"健康饮食""避免制造塑料垃圾"或者"定期运动"等。同理，个人的人生目标（诸如"读医科""找副业""决心减重"）也会成为社会期待的结果。至于出现在个别案例中的社会期待所占的比例的大小，以及究竟有多少是源于个人的原始信念，那就很难区分了。

问题的关键在于，出现这样的现象，是人的一种下意识的行为，是个体错将社会期待当作行为的依据。当一个人这样做时，他的目的不一定是想要体面地立足于社会，因为就算在面对自己的时候，他也可能会因为不愿感到难堪而做出满足"社会期望"的行为。哪怕是外人无法窥探的私密日记中的表述，也可能会受到社会期待的影响。

然而，当目标化为实际行动的时候，当以保护原始自身利益为目的的自我破坏机制出现时，社会期待就原形毕露了。我们并不缺乏想象力，所以总会为自己找出五花八门的理由，来阻碍目标的实现；同时还会编撰出合乎逻辑、令人信服的故事，用来解释我们在追求目标的过程中表面上执行了但却没有真正付诸实践的行为。

最让人感到不可思议的是，我们竟然还可以在表面上继续相信自己正在追求的目标，且始终如一地将自己的全部心力投注其中。但是实际上，我们的潜意识早已经决定在奔向目标的路上驻足不前，甚至竭尽全力搞破坏。

此时此刻，我们唯一能做的就是发自内心地希望自己的大脑全神贯注地寻找答案。法国作家阿尔贝·加缪说："有心人找出路，无意者找借口。"这句话精确地指出了这种现象的本质。

心理学家兼教练罗兰·柯普·维希曼也在其个人网页中对

类似情形做出了以下描述：你对于自己真正渴望的事情，就算是阻力重重，也会始终如一地追求；相反，对于他人劝说你应该去做的事情，你会轻而易举地寻找诸多借口加以抗拒。

他以设定"每天早晨慢跑半小时"的健身目标为例，具体解释了以上情形。对于有心人来说，为了实现这一目标，他会积极地筹划，比如购买慢跑鞋，将闹钟设定为早一点儿的时间。不过如果这一建议来自他的另一半、医生，或者只是由于他内心感到不安，那么情况就会截然不同。一到早晨他就会发现各种问题，比如，翻遍地下室也找不到慢跑鞋，天气糟糕极了，或者他根本起不来床。简单地说，在相同的目标面前，一个人的态度之所以会有天壤之别，就在于制订目标是不是出于他自己的本心。这就是真实意图与表面意图导致差异的根本原因。

罗兰·柯普·维希曼也用不同的思考模式对介于真实目标和表面想追求的目标之间的差异进行了分析：当我们发自内心地想得到什么时，思考模式就会以解决问题为导向，尽管也会预料到可能出现的障碍，却不会给予过度的负面评价，而是会持"天无绝人之路"的积极心态。

如果目标并非出自本心，那么思考模式就会自动导出诸多问题，好像面前都是无法跨越的障碍，甚至目标刚一确定，在迈向成功之路的起点上就会开始自我破坏。处于自我破坏的模式下，三心二意地追求目标，无异于浪费双倍的精力：先是煞有介事地把自己的精力投入某一目标（比如制订戒烟计划），然后再将精力投入到如何搞破坏（为自己寻找不能戒烟的借口），最终空忙一场，一无所获。（汤姆的案例就是这样：后来，就算老婆和他离了婚，他也还在抽烟。）

总结：与其将无数宝贵的精力浪费在并非发自内心的愿望上，不如将其拿来投注到发自内心渴望实现的目标上。

想必你也经历过类似的情况，或者在朋友圈中发现过自我破坏的案例：

- 原本打算尽快毕业的死党，却在寻找完美论文题目的过程中自我设限，无法翻身，结果拖了一学期又一学期，毕业变得遥遥无期。

- 原本打算生活得更健康的闺蜜，可惜工作繁忙又劳累，甚至总是没时间购买新鲜蔬菜，只能将剩饭剩菜推进微波炉。

- 一个同事信誓旦旦地设定增强运动的宏伟目标，为了强迫自己运动，她甚至在健身房办了年卡。不过每当你约她一起去健身房运动时，她却总是因为突发事件而爽约：明天有一份重要的简报要看、膝盖痛、生理期痛、昨夜没睡好、吃得太多（无法运动）、吃得太少（无力运动）……真是有数不清的借口让她可以不去运动。

这些案例告诉我们：正面的决心与目标仅能显示你内心的理想，自我破坏却会将你内心的真实意志表现出来。而你身边的人往往比你看得更明白，所以他们常常摇着头说："你明明喜欢吃比萨，可你为什么经常在我们的耳边念叨健康饮食呢？"

这又给了我们怎样的启示？如何才能避免自我破坏的产生呢？

请仔细审视，你到底打算将为数不多的精力投注在哪些目标上？它们的确是源自你内心的真实想法吗？或者它们只是你想要达成的愿望，而并非全心全意追求的目标？

你是否有一些并非源于自己的内心，却要付诸行动的愿望呢？

你的精力是如此宝贵，请不要将它浪费在可有可无的目标和自我破坏上！

第2章　当下即永恒的谬论
——我们总是习惯性地低估未来的自己

爱莲娜是一个幸福的人，因为她的人生都是按照自己梦想的样子发展的。她有一个体贴的老公、一双可爱的儿女、一只小狗、一幢花园小洋房。唯一的不足就是厨房需要翻新，不过她已经挑好了样式，尽管价钱昂贵，但相当时尚——橙红色的柜面、天然岩板料理台、格纹瓷砖。装修后的效果绝对会令闺密们嫉妒到发狂。她的老公却对此心存疑虑："这样的搭配是不是太大胆了？你现在喜欢，或许到明年复活节的时候就不想再看了。"

爱莲娜顿时火冒三丈："难道我还不了解自己，不清楚自己的品位吗？！十年后的我依旧会像现在这样喜欢！不信你就等着瞧！"

你觉得爱莲娜说得对吗？至少从目前来看，她老公的说法符合心理学研究的结果。人的品位与性格会随着时间的变化不断改变，甚至会变成现在的你无法想象的样子，这就是鲁尔夫·杜伯里在他的著作《生活的艺术》一书中描述的当下即永恒的谬论或"故事都有结局的幻想"。在这本书中，杜伯里援引了科学家裘迪·奎德巴哈的研究成果，证明了这类推断是错误的。

奎德巴哈先为他的两组受试者进行人格测验，以确定他们现在的自我状态。之后，他安排其中一组受试者去做一个重现过去之旅，请他们针对十年前的自己完成另一项人格测验。通过比较这组人的两项测验结果，奎德巴哈发现，他们对自我人格的判断，在过去的十年中发生了巨大的变化。

接着，奎德巴哈安排另一组受试者去做一个展望未来之旅，并且要求他们在调查问卷中描述想象中的未来的自己。通过比较这组人的两项测验结果，奎德巴哈发现，他们对自我人格的判断也发生了一些变化。但有意思的是，相比上一组的人格变化来说，这一组的人格变化则要小得多。

由此可见，尽管人们十分清楚自己在过去经历了多么大的变化，但在某种程度上，他们仍然坚信自己现在的性格已经定型。

很多人身上（用现在的眼光看来或许没品位）的文身也可以用这种理论加以解释。一个象征符号或一条金句，在某年某月某日的某一刻曾经被看成不朽,就如同永恒不变的人生座右铭一样,可是现在看来却落伍了。不过在当时当地,他们肯定无法想象自己会在某一天对它持截然不同的看法。

奎德巴哈及其同人的其他研究还表明,人们普遍低估了个人品位及喜好的变化程度。受试者在这次实验中,首先被要求描述自己当前的各种偏好:最向往的度假地、最喜爱的食物、最着迷的乐团、最要好的朋友。然后,受试者被分成过去组和未来组,前者用比现在年轻10岁的身份来回答相同的问题,后者预估自己10年后的偏好。结果再次表明,受试者极有可能过分低估了个人的偏好会持续改变的程度。

这种错估的实际影响也能在财务决策上表现出来。奎德巴哈就"10年后愿意花多少钱去听现在最爱的乐团的演唱会"和"今天愿意花多少钱去听10年前最爱的乐团的演唱会"询问受试者,结果前者的花费额度明显高于后者。换句话说,我们今天愿意为某些事物付出高昂的代价,但或许10年后这些事物不会如自己想象的那样令我们感到快乐了(不过文身的后果比较严重,因为文身者每天都不得不强迫自己接受品位改变的事实)。

你也许基于个人体验对上述效应心有戚戚焉，比如每次看到相簿里自己当年青涩的样子，脑海中就会马上闪现出一个念头：这个模样可真蠢！当时我怎么会觉得这身打扮好看？就连谈到当下的职业或生活状况，我们都会经常发现自己竟然是误打误撞走到今天的，目前一切和从前描绘的未来蓝图迥然不同。习惯于写日记的人，或许还可以借助日记的内容对这一切进行求证。过去的我完全错估了现在的我，而现在的我也极有可能对未来的我看走眼。

于是，人们不免产生了以下疑问——我们能因此学到什么呢？当下即永恒的谬论会导致哪些危机？难道因为清楚自己日后会改变，现在想买的新大衣就不买了？那么结婚大事呢？活在当下、把握今朝和那些智慧的结晶呢？难道都不再适用了吗？能在当下让自己尽量绽放，将当下视为"永恒"，不是最好的礼物吗？

首先要向大家传递一个积极的信息：即便知道未来会发生太多的变化，我们仍旧要坚持（当下）感受到达巅峰的美好感觉。甚至在许多时候，就算为了实现目标经历了漫长的煎熬，也要保持积极的心态，尽情地享受当下的这种感觉。就像歌手安妮特·汉普在一首名曲中所唱的那样：长久"寻寻觅觅百分之百"之后，终于"就应该这样，就应该一直这样……"，

"这样最好，一切搭配完美，因为一切都在我心中归于平静"。如果这种当下（但愿）即永恒的感觉可以为我们带来平静与从容，那也没什么不好。

话说回来，当下即永恒的感觉也极容易产生负面效应。前文已经提到长期性决定的风险，当下的我认为完美的决定并适合未来的我。比如为了满足自己的需求，购买一栋为自己量身设计的房子，结果背上巨额房贷，万一未来打算和伴侣移居他处，出售房子就成了一件麻烦的事。这种感觉，除了会导致冲动消费，还会引起心理层面的危机——

- 将自我禁锢于当下即永恒的感觉中：人们基于这样的视角，确信自己的人生将会一成不变，于是感到瘫软无力、灰心丧气。
- 紧紧抓住当下即永恒的感觉不放：人们渴望倾尽全力抓住自认为的完美的状态，不愿意接受变化，于是停止了一切关于怎样打造积极全新未来的思考。

咨询师安缇儿·嘉迪安在《你还在等待什么？》一书中提到的人物亚历珊德拉，便陷入了第二种危机。多年来，亚历珊德拉的人生如她想象的一样：夫妻二人遵守彼此发下的誓言，无论顺境或逆境，永远钟爱、支持对方，并且养育了一个女儿。她十分确信一切将会永远这样美好。可惜好景不长，丈夫离她而去。亚历珊德拉无法放下心中那个完美家庭的画面，竭尽全力想挽回过去的美好。

尽管这个不幸会造成无法言喻的伤痛，但人们仍要明白一点——倘若一切事物都可能在瞬间全面改变，那么一切困苦也会拨云见日。执意要维持现状的人会将当下尚且无法想象的、全新的正面发展之路阻断。

在相当长的一段时间里，亚历珊德拉便处于这样的状态，直到她开始为自己、为女儿重建人生，改变眼前的处境，让一切向正面发展。

基于当下即永恒的谬论，即便身边有那么多当初料想不到后来却发展得非常好的正面案例，我也开始质疑自己如果处于截然不同的人生条件下是否具备获得幸福的能力。当变故发生后，人们会重新恋爱，更换职业，甚至搬家或移民，开始全新的生活。

嘉迪安把这种不间断的变化形容为不断重复的人生三阶段：（一）容许和放手；（二）驻足与保存；（三）重新开始。我们无法预测各阶段会持续多长时间，但她认为有一点是可以确定的，那就是必须用"你正在路上"的心态取代"你到了"

的结论。

与亚历珊德拉有同样经历的人比比皆是，他们想永远抓住美好的愿望，常常被误解为要求获得实际的保证或承诺。就算事实已经让他们无法自欺欺人，现实也不再是从前完好的太平世界，人们在思想深处仍旧缺乏对新状况的认知与分析，这是因为他们无法想象背离愿望的状况。

人们愿意在表达自己"永远"做某事时，一般代表他们对某人或某事有着过高的评价，并且找不到未来会改变的理由。然而，生活的经验却时时提醒我们，明天一到，"永远"就可能消逝。即便这"永远"的感觉在当下是严肃的，并且仅对他当时真心确认的事予以承诺，也无法赋予个体恒久的安全感。这一点从人们踏入婚姻后的状况中就可以得到证明。

亘古不变——是承诺还是愿望？

结婚是一件美好的事，众多情侣将其视为持续巩固亲密关系的重要的一步。大多数新人认为对彼此说"愿意"就代表着：我觉得未来人生中能有你相伴是再美丽不过的愿景，而且我愿意为它付出，和你共同努力创造二人的幸福。有时候，伴侣会以在众亲友面前作出婚姻承诺的形式来表达这种正面的未来幻想，以期赋予当众表达承诺一种特殊的价值，并相信其一定会实现。

太多的人因此沉浸于幻想中，认为婚姻可以让自己获得长久的幸福，身边的人永远不会被别人抢走。许多恋爱中的人都认为结婚可以让双方的关系更加紧密。这种逻辑就像反面推论偏差（参阅第23章）一样，把症状和病因混为一谈，本末倒置。如果一段亲密关系可以借助结婚而变得更加圆满，那么亲密关系就是"因"，结婚则是"果"。除此之外，人们还试图用"果"改善"因"：一旦亲密关系出现裂痕，我们就结婚。这或许有助于对外展现表面的幸福快乐（别人会认为"既然决定踏出这一步，他们就一定考虑清楚了"），但亲密关系本身极少能借助于对外"晒"幸福而获得长期的改善，本末倒置是行不通的。

期待另一半因为"已经结婚"就改头换面，只会让自己彻底失望。毕竟人不会因为结婚就改变自己的本性，即便是结了婚，既有的心理法则与常规操作方式仍然适用。不过可以确定的是，结婚能让人获得更多值得回味的时光，只是不能保证两个人在未来能够一如既往地走下去。

当然，婚姻誓约也并非毫无意义，它是一种安全感的船锚，是二人彼此联结的形式。当然，如果要离婚，问题就会变得更复杂。或许有些关系可以挽回，因为双方继续保持婚姻关系的意愿比成为无婚姻关系的伴侣高。令人无奈的是，完全无后顾之忧的婚姻是不存在的，就算是最好的婚庆公司或最浪漫的仪式也爱莫能助。结婚虽然具备充分的理由，却不包含持续且永恒的安全感。以上论述或许可以帮助你不再将婚姻视为一种承诺，而是将其看作双方共同的愿望，而共同的愿望在亲密关系中是极有价值的。

从某种角度来看，永恒之爱的婚姻誓约是结合了所有当下即永恒谬论的痛苦代价而构成的极端形式。几乎没有其他任何事物像伴侣间的爱情与关系那样对你影响那么深，因为我们确信它是个人生命中能永远保有的成果之一；一旦它突然断毁，我们就会重重地摔出人生的跑道，就像亚历珊德拉一样。

可是，这一谬论不仅适用于结婚——誓言是无法操控人的感觉的。相当多的事物都是按计划发展的，但在出人意料的情况下许多事情也会发生改变，于是你会发现，梦想之屋突然不再属于你；原本理想的工作也不再理想；忠贞誓言也并不永久。你要明白，并非只有他人会令我们失望，因为我们对同一事物的感觉会不断发生变化，我们也会陷入让自己和他人失望的境地。

结论：围绕人生事物的变化或自我的改变都是持续不断的，仅仅认清这一点就会让人得到一种解脱。没有任何目标会允许你努力在直线跑道上跑到最后，然后放慢脚步、轻松地走完。如果你认为终点永不可及，那么也就没必要在前行的路上赶得气喘吁吁，或挖空心思制订完美的计划了。

我们在做出长期性抉择时，应当更加谨慎地面对一切可能阻断未来发展之路的因素，要考虑是否确切地笃定这就是我们不想再改变的完美状态。不过，如果事后发现这一决定是不对的，也没关系，我们还可以想办法调整从前的决策以使其顺应新情势。

唯恐做出错误的决定，于是裹足不前也并非上策，不如就自己的认知和可以获得的信息勇敢地做出选择，同时要对自己的选择有信心，并轻松地看待一切。相比考虑决定及可能产生的后果，更重要的是应该不断确信自己是否有能力接受自己的改变。

第3章　出于善意的认知偏差

——善良的意图剥夺了我们清晰的思考

如果人人都对我们心存善意，那么我们就可以将这个世界想象得无比美好。政治人物为国家着想，父母为了孩子好，公司老板为员工打算。每个人都是这么说的，或许他们在心里也是这么想的。

然而，这种行善的感觉与善意产生的实际效果却可能相差十万八千里。令人遗憾的是，好意不一定会带来好结果。实际上，相当多的人极易因善意而产生自我满足感。他们真心替身边人的着想，至于结果是否也是好的，就不得而知了。他们只会记得自己的出发点是好的，认为"假如感觉对，那就一定对。假如出自善意，那就是好事，何必想来想去没完没了"。但如果谈到他人，衡量标准就要严格得多，他们会一起观察结果，并得出以下结论："只有结果是好的，本意才是好的。"这

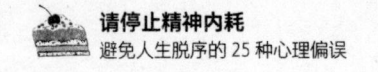

就是所谓的本意善良的认知偏差。

出现本意善良的认知偏差是情有可原的,因为相比自己的意图,我们对他人的意图知之甚少,因此也很难想象他人的一个导致明显负面结果的行为背后,或许隐藏着一个善良的动机。彼得怎么会有如此天真的想法,以为老婆会因为他给的一篇减肥秘籍而高兴?苏珊娜以毕业班代表的身份在典礼上致辞完毕,老爸马上提供了几个改善说话风格的建议——他怎么能幻想苏珊娜会因此对他感激涕零?不能晚点再说吗?分明想搞砸她参加毕业聚会的兴致!

能体会且认识到他人动机纯良是非常困难的事,甚至会令他人因此怀疑是否真的存在善意这回事(有时的确理由充分)。不过我们也应该进行自我反省,是否在只以结果来评判他人的行为时,忽视了自身行为引发的实际后果。即使自身行为带来的结果不如自己预期的好,我们也既不愿意接受也不想讨论,毕竟我们是出于好意!

本意善良认知偏差的不同焦点

	意图	结果	评量
我的观点:焦点定于意图	好	坏	好
他人观点:焦点定于结果	好	坏	坏
	好	好	好

这种矛盾心理也增加了彼此在冲突中让步的困难。双方以本意最好的为由，各持己见，为自己的行为辩护，剥夺了对方拥有不同的知觉感受的权利，一味地强调一条原则：你根本不应该有所不满，毕竟我是一番好意。这是一种无法达成和解共识的有害行为。

心理学家阿斯特莉德·舒兹在针对婚姻冲突的研究中也发现了一个极为相似的模式。他对一些伴侣进行访问，请他们描述夫妻间的典型冲突与争吵，并检讨原因以及双方行为是否恰当或非理性。结果也证明了出于本意善良的认知偏差的模式：受试者对自我行为进行评估时会将善良的动机纳入其中，也经常以特殊情况和次要条件为理由替自身行为辩护，比如压力或由于过去的争吵导致容忍临界点降低。反之，伴侣的行为却被看作不公平与非理性；至于背后存在哪些次要条件、考虑和意图则不在其思考范围之内。

一个动机善良、后果却可能极具毁灭性的特殊关系模式，是善意的沉默。心理学家伊利亚·范·贝斯特是排斥领域的专家，他的研究数据表明，沉默者和接收者对沉默的效应评估存在着明显的差异。沉默者认为，从对方的角度来看，中断沟通比公开表现自己的负面情绪要好，这是一种善意的沉默；而信息的接收者却持截然不同的看法："相比明显的怨恨，被冷处

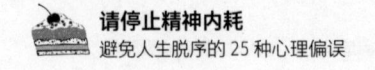

理更加糟糕。"

由此可见，完全仰赖本意善良的认知或许在冲突中会引发更严重的问题。从出于善意却过分短视、最后导致相反效果的政治决策，到同事圈、家人、伴侣关系及友谊的冲突，都是如此。

尤其在个人关系层面，除了存在争议而令人难以接受的他人的行为之外，衡量标准不一也是一个大问题。伴侣关系与友谊的基础是彼此间的基本承诺。"我们互相喜欢，彼此公平对待，希望对方得到最好的。"结果对待自己和对方的双重标准却将这一承诺搞得支离破碎。

知道自己的行为出于好意就足够了，衡量他人的行为却要看结果，这是严以律人、宽以待己的行为。如果一个行为在考虑结果之后，仍被看作是善意的，则表明评价者具备极高的判断标准和复合式思维。这一事实也存在于存心伦理和责任伦理的区别中。

存心伦理VS责任伦理

存心伦理和责任伦理是人们针对一个行为进行道德判断时的两种角度。这一学说的重要建立者之一就是德国社会学家马克斯·韦伯（1864—1920），但概念的最初雏形却早在上古时代就出现了。大意是：只要是善意的行为企图，就是好的。存心伦理只对行为背后的意图及其相关的道德价值与原则做判断，不管行为带来的实际结果。这样看来，存心伦理者做事依据的是"应该帮助有困难者"的观点，于是他们可能会直接捐钱给乞丐。

反之，责任伦理者则优先考虑行为产生的后果。一个责任伦理者同样相信一定要帮助有困难的人，但他会持续思考——怎样的帮助才是最实际有效的。比如他会用捐食物取代捐款，用以帮助乞丐改善生活情况。

严格地说，责任伦理要求评估行为的一切直接与间接的效果，这当然是一种无法达到的理想境界。不过它却为我们的生活提供了一个更重要的概念——超越行为背后存心与动机的单纯思考模式，并承担实际后果。没人要求我们预知行为的一切后果（更不用说分辨确定单一行为的后果），在一般情况下，他人仅需感觉到你的确想过对他造成的影响。

尽管某些行为可以用本意良善这种冠冕堂皇的理由来为自己开脱，但在行动前还是要三思，比如：

- 不要剥夺减肥中的女朋友仅存的一点乐趣,不要因为替她着想而与她争执酪梨中的脂肪含量是多是少。
- 给予新手父母应有的认可,因为他们的神经已经因为全新的挑战带来的压力绷得紧紧的,暂时无法接受各种诸如怎样做能更好的有益的建议。
- 先让处于信任危机中的挚友平静一段时间,专心倾听导致她如此激动不安的原因;不要动不动就用建议对方参加心理自助课程或者寻找更好的工作机会等看似好意的行为来影响她。

那种突发奇想的可以拯救他人甚至全世界的念头的确相当诱人,这就如同将"一定要让他人知道自己的想法"当成一种责任。不知道为什么,你就是没办法忍受看似独到的想法只能在自己的脑海中盘旋,所以必须将其倾吐出来。

如果想要言行完全符合认知,本意善良是好的开始,但并不是充分的理由。不妨诚实地扪心自问:我的行为当真可以取得好的结果吗?当你强烈地感觉到一定要为帮助他人而行善举的时候,请格外提高自我批判性,这极可能保护了你自己的幸福。

第4章　矛盾的心理自助或心理账户陷阱
——为什么吃两个半块蛋糕比吃一大块蛋糕更容易胖

不能再这样发展下去了，芭芭拉决心减肥。她制订了几条简单的饮食规则：晚上八点以后绝不再进食，只补充水分；平时避免吃油炸薯片，远离汽水；而且从现在起，喝咖啡不加糖；和闺密喝下午茶时也只吃一块蛋糕。

然而芭芭拉万万没想到，家族聚会上的咖啡甜点竟然如此琳琅满目，最起码她无法拒绝自己最爱的两种蛋糕，没办法，只能各吃半块喽。好吧，或许可以选较大的那半块……

到了晚上十点，下一个难题又来了：奶昔算食物吗？或者算是饮料？严格地说，一杯香草酸奶也是液态食物吧？那是不是可以随便吃呢？……

和大多数人一样，案例中的芭芭拉也处于自相矛盾中：首先，我们为自己制订了规则，建立了一个思想辅助结构，以便帮助自己迅速实现重要目标。然而时隔不久，我们就开始不断地破坏这些，直到规则不再有效为止。我们总能找到各种理由去打破自己设定的规则、破坏思想辅助结构，最后我们不但没能接近既定的目标，反而与其渐行渐远——我们为自己开辟了一条道路，可以继续表现这种原本打算摒弃的行为，而且走得心安理得。

芭芭拉的自相矛盾案例可用心理账户的一种特殊形式来加以解释，即关于各种不同花费及合理支出的思考方式。

心理账户

心理账户（也可以称为思想会计）是一个行为经济学的概念，是经济学家与诺贝尔奖得主理查德·塞勒提出的。他认为，每个家庭与个人都必须效仿公司或企业，了解自己的财务支出及交易买卖，由此发展出一个交易思想结构体系，并对各种支出"记账"，即所谓的心理账户。于个人而言，这一心理账户（思想会计）的功能，原则上等同于企业的会计——掌握金钱流动的概况并控制支出。

个人的心理账户体系也包括建立消费项目与类别，类似于一种思想抽屉，分类管理不同的消费支出，其中典型的项目包括"食品""服装""度假""外出娱乐"等。

就算是支出账目不一定事无巨细，但考虑到已经发生的支出会对未来的支出造成影响，因此通常人们也会在脑海中对每个消费项目设置一定的预算。假设本月已经去餐厅用过5次餐，那么就很难说服自己再去第6次；反之，如果本月这一消费项目还不曾发生过任何支出，情况就截然不同了。

此类情形也在诸多关于消费者的研究中表露无遗，比如行为科学家齐普·希斯和杰克·索尔的相关研究结果就表明，购买下一场篮球赛门票的概率的高低，不仅受个人近期内的总支出的影响，还受所支出的项目的影响。在他们的实验中，受试者要提前想象自己本周已经为一场篮球赛花费了50美元，那么他们决定再次购买篮球赛门票的概率就会远远低于那些（假设）刚缴纳50美元违规停车费的受试者。很明显，前一组受试者在"娱乐：篮球"消费项目的预算已经用光了。

不过这里却有一个突破规则的小方法，由于消费项目的支出分类并非总是界线分明的，仅需运用一点想象力，我们就可以将"外出用餐"列入"食品"（生活必需品）项目中。学者阿玛·伽玛和迪立普·索曼的研究也表明，人们喜欢利用这种模糊定义，在必要时灵活配合个人需求调整消费项目，而且可谓无所不用其极。敢把一大块度假费用列入生活必需品项目的人，花这笔钱时通常不会感到愧疚，毕竟就像名称所表明的，这是"生活必需"。

芭芭拉的情形与此相似：一块蛋糕的分量并没有明确的规定，蛋糕可以是大的，也可以是小的；或者就像芭芭拉所做的那样，一块蛋糕可以分成两个"一半"，然后选较大的那一半。如果仔细计算，她吃的两半加起来或许接近一块半蛋糕了。于是借着吃半块蛋糕的小技巧，打破吃一块蛋糕的规则就不会那么引人注意了。

无独有偶，相较于喝纯葡萄酒，喝葡萄酒气泡水更能掩饰饮用的酒精数量。同样是大家的最爱——小酒馆之夜告别时的最后一杯酒（大约小半杯啤酒，也就是众所周知的"回家前的最后一小杯"），结果因为兴致好、气氛佳，半杯半杯地喝下去……到最后一共喝下多少杯啤酒，恐怕谁也无法算清了。

定义模糊的类别与数量，可以为我们提供一个阻碍精准计量的好机会。从芭芭拉和她徒劳无功的减肥案例来看，这就是我们对环境定义含糊的思想架构所造成的间接伤害。

除了建立心理账户，设定并按照"规则"将财务交易联系起来，以便获得掌控财务的感觉之外，立志调整饮食的人也会在饮食领域建立一个消费分类系统。众多消费项目有不同的上限，介于各项目间的预算一般是无法转嫁的，爱耍小聪明的人当然会尝试尽量充分地利用个别项目的预算。这些小聪明偶尔会衍生出矛盾效应，比如晚上喝下一杯浓酸奶，原因是蛋白质这个项目还有剩余空间；或者就像芭芭拉一样，干脆选择液态食物，因为饮料项目是无上限的。

上述讨论对日常生活究竟有什么引导作用？

可以确定的是，设定规则原本是为了达到目的，但由于我们充分利用规则的漏洞，最终导致荒谬的结果。真正严肃看待目标、想要改变的人，确实打算减肥、控制饮食的人，就应该让规则更明确。

对消费分类定义得越清晰，就越难进行自我欺骗。这或许也可以用来解释供货商 Deep Detox Box 以每天固定 4 瓶奶昔且送货到家的简单形式大获成功的原因：每天的分量规定得一清二楚，不存在模糊空间。客户因此特别满意，一位朋友对我说："我当然可以自己动手打这 4 瓶奶昔，而且比较省钱。可是我太了解自己了，自己制作的分量一定会比预期的多，还会多加些牛奶，等等。而这 4 瓶奶昔的分量清晰明了，避免我总

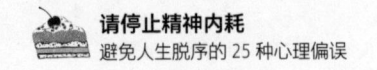

处于自我交战之中。"

这么说来，Deep Detox Box实际提供的服务或许根本不是售卖超级健康的奶昔，而是满足顾客的心理效益——不给自我欺骗提供空间。

面对可以达成的目标，我们才需要如此严格地对待自己。如果以享受为目标，那么刻意模糊遵守的规则与戒律，就为自己创造了享受越界快感的机会。比如，笔者个人最爱的至高纪律是"直觉消费的艺术"——完全没有规则与控制，只跟着自己的感觉走，让它带领我走向怡然自得的境地。

其实，就算没有核对项目表和规则，我们也能主动发现问题。比如，吃第3块蛋糕时，自己已经意识到需要节制了；一周内第5次进电影院也不再是真正的享受；某天晚上喝多了啤酒，隔了一天身体自然会对酒敬而远之。直觉消费对某些人的确是一项挑战，但也有其优点。没有规则代表不再需要复杂的自我欺骗，我们就可以有更多的时间去体验生命中美好的事物。

第 5 章　自我设限

——对重要目标自我设限

假如你必须做一项智力测验,并且要在5首背景音乐中做出选择,其中两首可以提高效率,两首会降低效率,一首则不增不减。你会选择哪一首作为智力测验的背景音乐?

心理学家黛安·泰斯让她的受试者做选择,没想到得出了极其有趣的结果。尽管基本上假定人人都会争取高分的智力测验,但并非全体受试者都会选择提高效率的音乐;相反,不少人选择了会降低效率的音乐。他们为什么要这样做呢?

我们可以用自我设限的理论对此做出如下解释:提前准备

一个可能失败的理由，可以减轻追求成功的压力。自我设限就是自己积极制造困难条件，以降低达到目标的概率。这就可以让个体在心理上产生了一个优势——万一失败，我本人并不必为此负责，可以把责任推给各种障碍，如此一来就不会伤到我的自我价值感。

考试不复习的人，已经为自己找好万一没考过的理由；马拉松赛跑前一天晚上还去泡酒馆的人同样如此。在泰斯的智力测验中得低分的人，会将责任推给降低效率的背景音乐，这样就不会觉得自己笨。

自我价值感低的人尤其如此。他们宁愿浪费自己的机会，也不愿意让自己处于成为失败罪人的危险中，因为这样一来，他们至少可以确信失败和自己的无能不存在直接联系，是外在环境导致的结果。因此在泰斯的研究中，自我价值感低的人特别愿意选择降低效率的音乐，尤其当主持人声明测验结果也有潜在的失败风险之后（"本测验的目的是发现能力极度杰出的人"）。自我价值感低的人会竭尽所能地避免被看作"失败者"，哪怕其行为会导致不必要的低成就感。

自我设限可能引发致命的后果：尽管它保护了个体的自我

价值感，却让个体无法提升自身的能力，由此错失许多可贵的机会。不认真读书学习就去参加考试或不想在重要报告上投入过多精力的人，虽然为自己准备了冠冕堂皇的理由，但也错过了成功的精彩。悉尼大学教育学者安德鲁·马丁的团队的研究结果，也可以证明这一点：相比其他学生，倾向自我设限的大学生，成绩普遍较差，而且存在较严重的自我调整问题。在开始就"退出竞争"的人，也会丧失认真迈向某个目标的学习机会。他们难以评估自己的真正实力，于是就在自我欺骗的模式下，混过学习与职业生涯。一个自我安慰的念头始终盘旋在他们的脑海中：到了关键时刻，我一定会努力上进。不过一般来讲，他们到时就算付出再多的努力，成绩也无法得到提高。

由于经常自我设限，他们已经无法准确地评定自己的真正能力，只好任凭每一个可以改善不足的机会从身边溜走。借助自我设下的障碍将真实的水平掩盖起来，以此保护自我价值感，最终的结果就是搬起石头砸自己的脚，让自我设限造成的心理优势演变成前行的障碍。

人面对失败，总有无所遁形的时候，关键时刻不立即抛开束缚，竭尽全力追求目标，享受成功的滋味，我们就会因为自我设限导致的慢性病，把自己的人生之船驶向下一个自我设限——测验考砸后，更没兴趣准备补考；通宵达旦的聚会带来了坏成绩，被解释为自由的生活风格——只是我们要问：如果你不想顺利毕业，何必去读大学？

因此，自我设限也是一种背叛自己和背叛目标的方式。习惯性自我设限的人等于在说："这对我来说并不重要，所以失败也无所谓。"在这种情况下，终极的挫败，比如考试多次不及格后被强制退学，就形同一种解脱——总算不用再为自己制造障碍了，因为把夜夜狂欢当作成绩低的挡箭牌，终究也会有疲乏的一天。

自我设限的倾向在儿童时期就可以显现出来。发展心理学家史丹利·库柏史密斯进行了一项研究：要求孩童们设法把球投入一个篮子中，他们可以自行决定自己与篮子的距离。自我价值感低的孩子会做出两种极端的选择，或者直接站在篮子边把球放入，或者离篮子很远，让命中率接近于零。这两种行为方式都表明：自我价值感低的孩子并没有认真对待这件事，只是想躲避任务。其他儿童则选择较中等的距离，为自己创造了一个具有一定挑战的环境。同时，他们也为自己创造了一个可以测试各种不同投篮策略的机会，从而逐步改善自己的成绩，并以成功为荣。不过只有当你可以忍受失败，并愿意接受成功也需要努力的事实时，这些做法才行得通。

```
        惧怕失败
   ↗            ↘
威胁自我价值      自我设限
   ↑            ↓
   失败  ←  低劣成就
```

自我设限的恶性循环

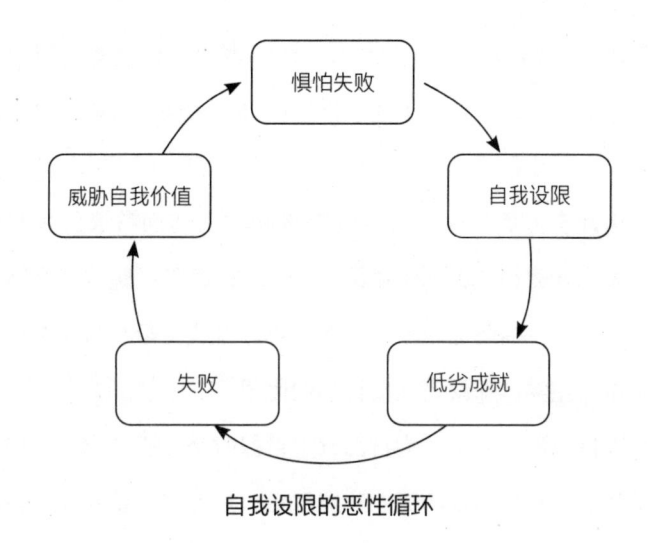

类似的情形也可以在低成就现象中观察到。就像心理学家肯尼斯·克利斯汀在《这辈子，只能这样吗？你是自己最大的敌人》一书中所描述的那样，低成就者的成绩以及他们为自己选择的挑战难度，远远低于其实际能力。他们不愿意寻找与个人天赋和潜能相符的任务，而是通过不为自己设定目标或为自己设定不可能达到的超高目标，来阻止挫折真正伤害到自己的价值感。

然而这样一来，他们几乎体验不到骄傲与成功的感觉。尽管心理上比较能接受因目标的不切实际而导致的失败，但却由于目标过低导致获得的成功毫无价值。所以肯尼斯·克利斯汀将低成就者称为生活的艺术家，他们表面上很惬意，但内心却痛苦不堪，原因就在于他们错失良机，无法积极创造自己的人生。

从许多方面看来，自我设限也和本书前面所谈的自我破坏心理（参阅第1章）相关联。二者都是搬起拦路石挡在路中央，为迈向目标增加较大的难度。不过自我设限与自我破坏存在明显的差异，那就是达成目标的愿望。

搞自我破坏的人，为自己设定目标时是三心二意的，仔细一看就会发现他们根本无意达成目标。声称自己要戒烟，内心却不愿意为目标而努力，因此每天都会为自己找到新的理由，最终导致戒烟成为不可能的事，当事人对"失败"也能坦然接受。这一点儿都不意外，因为从未真正想戒烟的人，即便戒烟不成功也不会伤心。所以自我破坏就是在耍花招（经常是无意识的），这条路上的石头是为保护自己免于面对根本不想要的目标而放置的。

自我设限则明显不同。当事人发自内心地想达成目标，不过却害怕失败。每个人都想获得智力测验的好成绩，须知一张文凭也是实用的好东西。这里出现的拦路石是用以保护自我价值感的。

结论：搞自我破坏的人会大声地宣称他的目标，万一失败也无所谓；自我设限者却惧怕失败，对外刻意表现得相当低调、毫不在意。不过，二者最后取得的结果却是相同的——目标并未实现。

应该如何克服自我设限呢？最重要的一步就是明确并认同自己的目标。请用一个下午的时间整理头绪——我的精力应该投入到什么地方？那里有我认为真正重要的事物吗？或许是把事情看得过于困难了？如果是，原因是什么？难道我根本不想达到这个目标？或者是因为害怕结果不像自己期望的那样，所以需要一个减轻压力的理由？

我们必须要认清，把精力投入内心渴望达成的目标既不顽固，也不尴尬，反而相当聪明。但同时我们也要清楚，这不一定能保证成功。付出努力却不能达成所愿，诚然令人伤心痛苦，但并不是个人的悲剧。如果能以这种心态向着目标努力，失败的危险就不再那样充满威胁性，也会让每一种自我设限成为多余的行为。

第6章　自命清高效应
——我们的道德优越感从何而来

或许大家都能大方地承认别人在数学或物理方面比自己强，不过几乎没有人愿意承认别人比自己道德高尚。不管是帮助他人、奉献时间做志愿者，献血，做诚实正直的人，还是将捡到的钱包物归原主等，在社会期盼的行为模式方面，我们都自认为比他人做得好，并把自己归到好人中，于是一种道德优越感就会油然而生。

这种自我观点扭曲在心理学研究中又被称为自命清高效应，也叫自我正义认知。针对这一现象，学者尼可拉斯·艾普雷和戴维·丹宁以康奈尔大学学生为受试者，进行了一项不同领域的自我道德评估偏差研究，获得了相当符合自命清高效应的规则：比如受试者确信自己以慈善目的捐出的钱比别人多。为确切掌握行为事实，受试者获得拿出参与研究所得的5美元中的一部分进行慈善捐献的机会，而且可以自由选择不同的捐赠对象（如动物保护、红十字会等）。结果表明，平均每个受试者决定从5美元的酬劳中捐出1.53美元。

再将这种行为与刚才的捐献意愿做比较，可以发现1.53美元的实际捐款金额，远远低于刚才自我评估的平均值2.44美元。换句话说，受试者过高地估计了自己的捐献意愿。本人的实际捐款金额反而比较接近刚才对他人的意愿的评估（平均值1.83美元）。可以说，受试者对他人的评估比较符合现实，对自我形象评估则与本人的实际行为相差太远。不过，在大多数时候我们对这种自我欺骗都毫无察觉。

另一方面，自命清高效应可能引发社会问题。人人都确信自己助人行善的意愿高出一般人，但真正行动结果却远远低于理想状态。大家都确信自己会帮助别人，事实上却没人付诸行动。

这是怎么回事？导致我们习惯性地高估自我道德的自命清高效应，是什么心理造成的呢？

首先就是所谓的自利性偏差。我们对事物的解释普遍存在讨好自我形象的趋势，总想让自己站在正面的镁光灯下。

自利性偏差

自利性偏差（指服务自我价值的归因理论）是形

容人们以服务自我正面形象的态度来解释自身行为的一种普遍倾向。举例来说，我们极易把胜利归功于自己的作为，对于失败或中性结果则倾向于降低自身行为在其中的影响。一派心理学家认为这一倾向是错误的因果假设造成的；另一派心理学家则强调，这一倾向的产生是为了维系精神与心灵的稳定性，因为我们无法承受直接面对现实、不加修饰的自我形象。

由此人们想出了各种策略，以便应对自我价值的潜在威胁。遇到需要面对自己的负面信息时，就会自动转移到正面话题上。心理学家罗伊·包麦斯特把这种现象称为补偿性自我提升机制，也叫弥补性提升自我价值。心理治疗师亚蓝·古根布尔将其形容为"自我人格外宣版"。有时人必须对关于自己的陈述加以修饰，以免引起内在冲突。

再者，我们对自己的了解要多于对他人的了解，因此可以给予自己更多的正面评价。我们清楚自己在某个目标上投入了多少精力，比如：费时费力地烤了一个纯素蛋糕为同事过生日；殚精竭虑地为重要客户准备了一份完美的总结简报；费了太多的时间与心思才为心爱的人挑选了一份完美的礼物。就算结果或对方的评价达不到自己的预期,我们也会因动机纯良给予自己正面评价,认为自己德行高尚、一切都在为他人着想。不过他人因为获取的信息有限,可能会反应平淡,毕竟人往往只能看到结果,而不清楚他人背后的辛劳。

因此,在对礼物进行评价时,"施赠者"通常站在费用与精力的角度,而"受赠者"则倾向于站在受益的角度。所以当我们为讨好某人而送礼时,多半施赠者对满意度的评估要远远高出受赠者。此外,张炎、尼可拉斯·艾普雷的研究结果表明,由于我们扮演的角色不同,也会影响大脑将满意度与花费或受益程度进行联想的速度。

张炎和艾普雷在一项研究中请受试者回忆自己曾经做过的讨好他人的行为,或他人曾经为自己做过的类似的事,然后以花费及受益满意度量表进行评价。以受试者对花费与受益的印象深刻程度为标准,以作答时间或速度来测量。结果正如预期的那样,在花费满意度方面,施赠者的回答速度要远远快过那些受赠者,而对受益满意度的回答则完全相反,受赠者的回答速度要远快过施赠者。如果想知道这件事最终会带来怎样的效果,一定要由"获得好处"的人来回答。或许我们施予他人的"支持协助",根本不如自己预期的那么大。

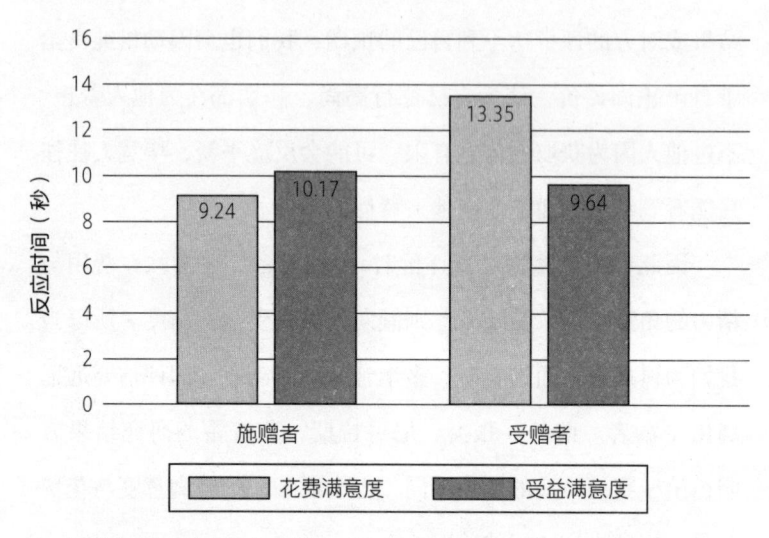

反应时间（秒）	施赠者	受赠者
花费满意度	9.24	13.35
受益满意度	10.17	9.64

施赠者和受赠者对花费满意度及受益满意度评价的作答时间研究

研究人：张炎／艾普雷

由此可见，我们倾向于高估施予他人的情谊，却低估他人施予我们的恩惠。这一结论不仅适用于朋友及伴侣关系中的彼此互助，同样也适用于工作团队或其他群体。在某些情形下，它可以助长正面效应——人人都将自己视为可以造福他人的贵人，为此既开心又骄傲。

但另一方面，过分夸大自己对社会福利或为群体共创事物的贡献，或许会导致将团队功劳的大部分归功于自己，并认定其他人也默认成功的关键是自己，理应对自己心怀感激。比如，安珂认为夏日聚会之所以办得如此成功，要归功于她安排的音乐；鲁思则认为成功的关键在于她选择的活动地点超级完美；其他工作人员也纷纷认为自己贡献卓著，觉得老板致谢辞中"那个特别奉献心力、送给大家一个圆满聚会的人"就是自己。

不过，埃米莉·普洛宁、卡罗琳·普奇欧和李·罗斯则强调，在另外一种情形下，同一机制或许会引发受到亏待、没得到足够的赞赏、薪资过低等怨言。从团队成绩与社会团结的角度考虑，它可能还会导致致命的后果——每个人都认为受到了亏待、做了超越分内的工作。为了抗拒这种感觉，个体就会越发减小自己的贡献，于是自己的成绩每况愈下，自然会被别人注意到。他们会产生"你在偷懒"的想法并随着这种感觉越来越强烈，最终再也没人愿意努力了。尽管如此，那种愤愤不平的感觉还在：我理应得到更多！

"我理应得到更多"效应

人们经常性地高估自身成绩和付出人力或物力的规模，因此也极易高估自己理应获得的回报。学者尤金·卡鲁索和马克斯·巴泽曼发表的一篇关于"反应性自我中心主义"现象的论文中，针对"我理应得到更多"效应进行了一系列实验与案例报道：就相同的工作与公平的薪资待遇而言，人们认为自己理应获得比他人更高的待遇。因此法庭上原告所要求的"公平赔偿"金额是被告的两倍。假如你单独调查某工作团队或球队成员，评估个人对团队成功的贡献度，事后把每个人的评估百分值相加，结果极有可能超过百分百，因为每个人都相信自己以特别优越的能力做出了远超队友的贡献。所以，每个人都相信老板发放奖金时一定会特别照顾自己；如果发现同事得到和自己差不多（甚至更多）的奖金，就会感觉自己遭到了不公平的对待。

如果牵涉到"社会交易"，从心理学的角度来看就更加复杂了。因为我们更不清楚自我贡献评估能否表现出来，以何种形式表现出来。工作能获得报酬，杰出的工作成绩说不定还能得到奖金。可是"帮忙"的朋友应该获得多少？或者帮这个忙是出于自愿、毫不期待回报？我一定要送礼感谢帮我搬家的朋友吗？如果要答谢，多大的礼才可以弥补对方一整天的辛劳（加上机会成本，比如错失躺在湖边放松的一天）？如果我们再把事情复杂化——帮忙搬家的全体人员应该获得同等的报酬吗？或者当其他人大多数时间都在喝水休息、而不是忙着搬箱子时，真正做最多苦力的不是我吗？

最后，每个人都会感觉自己受到了不公平的待遇。或者，开始在伴侣和亲友之间进行算计……

出现自命清高效应以及道德评估中高估自我的原因之一，是我们获得的关于自我和他人的信息在数量上存在着较大的差异。倘若我们能对他人进行更加全面的认识，能够看到他们至少在尽心尽力地行动，或者耗费了多少人力和物力，或许我们就可以给予对方更高的评价。为了可以公平地给予对方应有的赞赏及认可，我们不能只看结果，还要问自己：他投入了多少努力与花费？难道没有为我带来一点点益处吗？

与此同时，也会存在另一种危险：我们极易过度高估自己为他人所做的行为价值与受益度。从表面上看，某些事情是为他人而做的，不过仔细想想，其实还是为自己而做的，这就是所谓的利他主义错觉。

利他主义错觉

利他主义是指有利于他人（意思是"另一人"或"对方"）的非利己、无我行为，与关心自我利益的利己主义相反。不过，我们往往不太容易分辨某一行为是否是纯粹的利他行为，或者仍存在利己动机，所以会产生一种利他主义错觉。因为许多主观假定的利他善举，经过分析却发现客观的主要动机竟然是个人需求。

我们经常可以从一点发现端倪：对假性利他者相当重要的是，别人必须获知他的善举。只有在老板会知道的情况下才愿意帮助同事的人，其主要动机就是为自己而不是为同事；或者有人主动在朋友圈中为新人张罗一份出色的结婚礼物，却一定要让新人知道这是谁的妙主意，也是典型的利己行为。除此之外，有些礼物和邀请的结果是送礼者获利要远大于受礼者，比如送给别人一张自己想观赏的戏剧的门票，就等于借此邀请了一位陪伴者，如果对方没有拒绝，那自己在观赏戏剧的是过程中想获得陪伴的愿望也就实现了（参阅第9章）。

无论如何，我们最终无法完全排除送礼者或助人者行为背后的谋利想法，即便对方只是得到了"助人为快乐之本"的感觉。因此，是否存在真正的利他主义，也是心理学与哲学长久以来争论不休的问题。

出于保护自我价值感的需要,让自己站在正面的镁光灯下,关于自我及他人行为的信息差异,以及利他主义错觉,都是构成我们认为自身道德行为比他人优越,或者认为自己做出不道德行为的可能性远低于他人的重要因素。除此之外,心理学家也提出另一个可能因素:通常情况下,人们可以超越预期精准地评估某一群体的行为方式。比如,我们能准确地评估"普通人"的助人意愿,以及会有百分之几的人在电车上给老人让座,又比如艾普雷与纳达夫·克莱因对他人或康奈尔大学学生进行的乐捐意愿研究。这时,我们眼前并没有真实的人,也不会过度思考到底哪些个人动机可能影响其助人意向,等等,仅凭理性思考平时观察的类似行为就做出了判断。

一旦涉及自我评估,我们的思考就会转移为另一种判断模式。我们对自己的了解远高于我们对他人的了解,因此会注意到所谓案例导向的信息。和以分布信息为基础的抽象判断模式不同,我们在此会以案例为基础信息进行思考判断。对自己,我们无须借助外部观察就可以加以判断,我们有直接通向自我的渠道——我们了解自己的感觉、目标、理想,将自己的人格视为整体的个人。我们自认为总体上乐于助人,并努力造福于他人,因此也极有可能在单一情形下做出道德行为。万一现实生活中碰上某种特殊状况,比如当天诸事不顺,疲倦得不想让座（而且周围的人看起来没那么疲累，大可以由他们来让座），那么则可以另当别论。

极具讽刺意味的是，这些关于自己的特殊状况，才是导致我们出现判断偏差的主要原因。倘若我们可以将内在认知排除，只凭理性对自我进行观察，就可以做出较为符合现实的评估。

有意思的是，倘若对不道德的行为加以评估，自命清高效应——也就是介于自我和他人之间的道德认知鸿沟现象——就会更加严重。学者克莱因与艾普雷在一项研究中，对受试者描述了各种值得以及不值得选择的不同行为模式，事例表中包括各种生活中的例子，比如把多找的零钱诚实地退还给店家（值得的行为），或者在公交车上抢老太太的座位、对同事说谎，等等。受试者要将对自我及对他人的评估进行比较：自己表现出此项描述中的行为的可能性有多高？别人的可能性有多高？自己的可能性比别人高还是低？

正如学者预期的那样，评估结果倾向于自我吹嘘——受试者确信自己极可能实践道德行为；反之，他人则极易做出不道德的行为。不过依据受试者的判断，和他人之间的道德鸿沟突出表现在有道德的行为模式方面。

更重要的是，在我们自认为道德优越的同时，又要和不道德的行为划清界限。为此我们变得极富创意，开始编撰众多理由来解释为什么原本存在问题的行为在特殊情形下会变得正当。比如，就算是你预料到那位同事或许会因此不高兴，但因为聊"八卦"、说是非是一件好玩儿的事情，你仍旧四处散播她的轶事。这样的行为有点儿缺少教养，但我们可以为自己找到一个合理的解释，偶然谈到这样的主题（或者我们不自觉地将话题引过来？）并不是刻意的行为，因为"什么都不说就如同在说谎"；另一个选择是给出几个暗示以激起对方追问的兴趣，如此一来，我们就可以维护自己的"光辉"形象，毕竟"是对方自己猜到的"。这可真是一种阴险狡诈的方式，打着正当的旗号，做着不道德的行为，但遗憾的是，这样的做法，阻碍了在高道德要求下获得改善自我的机会。

　　结论：总体而言，我们无须过分严格律己，或许因为观察的角度与获得的信息不同，导致我们习惯性地高估自我，感觉自己比别人更高尚。稍微高估自己是一种良性行为，可以避免我们因失败而导致的沮丧情绪。当然，倘若可以将挂在头上的光环当成勉励自己的工具，督促自己真正地做善事，而不是在紧要关头编造无法如愿助人、捐献、支持他人的理由，那就更好了。

　　此外，在评论他人时，如果能做到自我克制也是好的。我们常常过于自信，相信可以超越他人，认为自己绝不会做出在

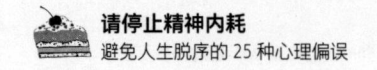

别人身上观察到的不道德行为。对此，不妨多一点批判性思维，审视自己的圣人形象是否名副其实，少一些自以为是，多多体谅他人，绝对是一种有益的行为。请把以上内容牢记心头，再尽可能保持自己的光辉形象。

第 2 部
PART 02

迈向和谐与同理心之路的心理陷阱

第7章　个人世界认知偏差
——为什么我们绝不可能真正了解他人

2015年，全世界为了一件洋装的颜色问题闹"分裂"：这件洋装的颜色究竟是白/金黄，还是蓝/黑？根据问卷调查，约有三分之二的受访者确定这件洋装的颜色是白/金黄，其余的受访者则认为洋装的颜色分明是蓝/黑花纹的。双方争论不休，僵持不下，都觉得对方完全不可理喻。

同事、朋友间的争吵辩论逐渐蔓延开来，网络上针对"洋装"的讨论，也出现了形形色色的观点，试图找出人们的感受和认知出现天壤之别的原因：从颜色认知与人生观（悲观者倾向于蓝黑认知）、睡眠节奏（嗜睡者比早起者更容易倾向于蓝黑认知），甚至出现了认知心理学的解释，比如感光体差异或光线照明的不同解释等（确信照片是在日光下拍摄的人认为洋装的颜色是白/金黄；认为照片出自人造光的人则认为洋装的颜色是蓝/黑）。不论大家如何对这一现象进行解释，可以确定的是：我们日复一日地接触的人，对相同事物的看法有时竟然与自己南辕北辙。这一结论让相当多的人目瞪口呆。

然而，洋装颜色仅仅是证明我们对世界的认知存在极大差异的一个例子。这就如同不同的人对相同的痛楚刺激感受不同，或者不同的人对相同音波位置准确度的声音强度与干扰度的感知不同一样。

一项针对风电设备对居民的噪声负担及健康形成的潜在危害的研究指出，以40~50分贝的音波位置准确度为例，将近60%的居民认为无危险和不受干扰（其中的30%甚至毫无感知），约40%的居民却认为噪声对自己构成了干扰，当中20%的人甚至感觉受到严重干扰。

由此我们也可以理解，为什么同样身处酒吧，有的人认为它嘈杂，有的人却感觉它氛围轻松，相当适宜。不过严重的是，人们大都不曾意识到这个介于自己和他人之间的感知差异是真实存在的。于是就出现了对方没办法在这样的噪声环境下

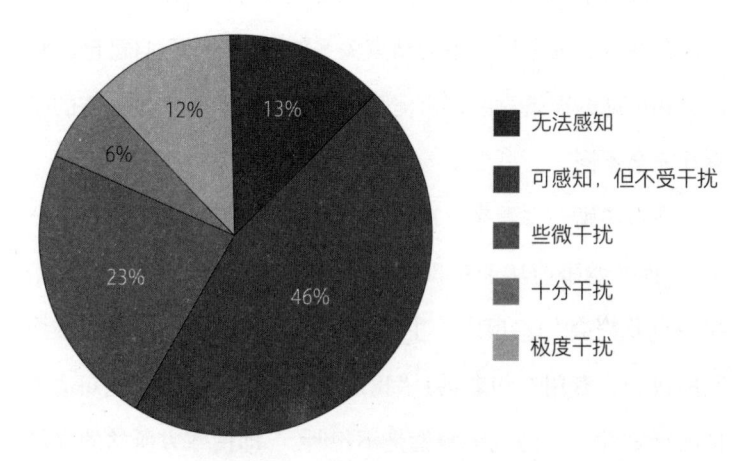

专心地聊天，我们却责备对方不该那么做作、挑剔的情况。

荷兰现代风电场噪音居民反应调查

比例	反应
13%	无法感知
46%	可感知，但不受干扰
23%	些微干扰
6%	十分干扰
12%	极度干扰

对相同音波压力位置准确度（40～50分贝）的主观感知差异
资料来源：Perdersen, E., Van Den Berg, F., Bakker, R., & Bouma, J.（2009）
美国声学学报（The Journal of the Acoustical Society of America），
126（2）634-643.

大多数情况下，我们根本不会注意到自己与他人在纯生理层面的感觉认知的差异有多么巨大。比如，很少有人详细地讨论我们的味觉——你认为这款花蜜的味道像栗树花蜜还是像椴树花蜜？或者讨论桌布的颜色比较偏于柠檬黄还是太阳黄。其中，人际关系这一话题存在更加明显且容易引发冲突的差异，比如关系破裂。

斯坦福大学心理系学者普洛宁和罗斯以离异伴侣为研究对象，就离婚前的谈话进行访问后，发现双方对这段谈话的认知描述存在巨大的差异。主动结束关系的一方认为，自己已经将冲突和可能的离婚意愿都讲清楚、说明白了；被离婚一方的感觉却完全不同。

在被离婚一方看来，被告知离婚简直是晴天霹雳、极不公平（"他／她事前从未对我说明事态有如此严重，根本不曾给我一点儿机会"）。反之，主动离婚一方却认为对方有太多挽回的机会，套用一句老话："我试过千百次，让他／她知道事情的严重性，可是他／她就是不想听。"即使双方所站的立场与真实感受相同，也认定对方的行为是自私与不公平的。一方不相信另一方的说法符合自己的真实信念，一方则认为自己已经说得相当直白，而对方却认为那不过是些含糊不清的话。

个人世界认知偏差可能会给生活中的不同方面造成问题，毕竟每个人的需求、价值观、信息与结论等都由自己的观点决定，而且我们无法想象可以从另一个角度看待事物。我们设想他人的感受认知和自己的完全相同或相似，当他人得到和我们不同的结论时，我们就认定他们是非理性的——比如，今天天气最适合骑自行车出游，不懂得善加利用这么美好的天气的人一定是疯了！

这也是从狭义角度看黄金法则的概念行不通的原因之一：就算每个人都按照自己希望被对待的态度来对待身边的人，天下也不一定会太平，因为每个人的需求差别很大——让甲高兴的事，或许在乙看来是一种折磨。

黄金法则的两难

黄金法则是形容人类以对等原则为基础的基本行为准则："你希望别人怎样对待你，你也应当怎样对待别人。"另一个类似的原则，是德国哲学家康德提出的绝对命令："要如此行动，让你的意志准则随时可以成为普遍立法的原则。"这句话可以通俗地翻译为：当所有人也能像你这样做的时候，你的行为才是合理恰当的。相当多的人声称自己是按黄金法则行事的，但如果涉及我们对他人的期待时，这个法则又代表什么？是一模一样的做法，还是认知及需求层面上的类似行为？

黄金法则的困境及其错误解释导致生活中出现各种各样的问题。假如我们仅从个人认知世界的角度来观察他人的行为，将会发生怎样的偏差呢？通过分析下面关于曼福雷德与卡罗琳的例子就可以略知一二。

一个阳光灿烂的清晨，曼福雷德跟哥们儿约好去骑自行车。吃早餐时，他将自己的计划告诉了太太卡罗琳，还邀请她一起去。"你想不想一起来？天气真是太好了！"

尽管卡罗琳并不喜欢骑行，她还是答应了。她心想：如果我也去，他一定很高兴。为了他，我还是去吧，下次他就能投桃报李，陪我去别的场合了。

一个星期后，卡罗琳和曼福雷德又在商量着周末的安排。"今晚琵雅要开夏日聚会，你也来参加吧。"卡罗琳对明显不愿意的老公说，"其实也没那么无聊，再说我上个星期不也陪你去骑车郊游了吗？"

曼福雷德满脸错愕地说："请问这两件事有关系吗？骑自行车可比参加聚会有趣多了，再说是你自己愿意去的！"

很明显，这里至少出现了两个误会。误会一，曼福雷德认为卡罗琳（及所有其他人）都能从骑自行车这一运动中获得和自己一样的乐趣，他把自己的行为（阳光明媚的日子，再没有一项活动比骑自行车郊游更棒了）看作普遍适用的准则。他不曾看到卡罗琳为他做出的牺牲；至于他是否会因为她的牺牲而高兴，更是不得而知。或许他仅仅想向对方表达善意，不想在这么好的天气里把卡罗琳一个人留在家中。

误会二，卡罗琳认为自己后来不过是要求曼福雷德投桃报李——陪另一半参加喜欢的活动。她认为要求对方要做的事是他能接受的，但事实上她却不知道，她的要求于曼福雷德而言是一件"痛苦"的事情。也许对他来说，跟卡罗琳参加闺密聚会，不仅无聊而且难以忍受，那种痛苦绝不能和卡罗琳陪他参加骑自行车郊游的"牺牲"同日而语；说到痛苦折磨，即便卡罗琳在商店里逛10个小时，也无法体会曼福雷德在这种聚会上待3个小时的痛苦。再加上她并没有告诉曼福雷德自己的想法，就直接"用骑自行车郊游来交换夏日聚会"，让他毫无反驳的机会。他既不知道她是为了他而参加的骑自行车郊游，也不清楚这个行为背后存在着对方期待他日后可以陪伴参加聚会的附加条件。如此一来，曼福雷德自然就会相当抵触当晚的聚会活动："假如你坚持，我会去。不过我希望你知道，这是我为你做出的牺牲，所以也别期望我能有好心情。"

这可算是营造一个美好夜晚的最佳前提条件了——卡罗琳感觉自己受骗上当了，她宁愿不要一个摆着臭脸、发着牢骚的男人陪在身旁。可她就是无法明白，他为什么一定要摆出这样的态度。如果两个人彼此相爱，自然特别愿意陪伴对方。难道

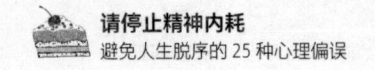

不是这样吗？

最后，双方都从自己的角度出发，为对方做出了牺牲。从道德角度来看，他们的做法无可非议，而且都在按黄金法则的要求行事，不过却没人从中真正获益。倘若彼此可以多体谅对方一些，获得对方的认知感受，也许感觉就不会那么糟糕了——有的人就是不喜欢骑自行车郊游，有的人就是认为参加聚会是一种折磨。

发展心理学把这种能力形容为摆脱自我中心式思考的能力。在关于接收他人视角能力的研究中，有一个著名的"三山实验"。研究者设计了一个三座山的模型，每座山的外观都存在明显的差异，把儿童安排在三座山的其中一座前面（位置一），然后要求儿童从不同的图片中选出一张符合自己观察结果的图片。受试儿童大多都能顺利地完成任务。

接下来研究者增加了实验的难度：儿童要将他们认为坐在另一座山前面的观察者所见的景象（位置二）的那张图片挑出来。还不具备视角接收能力的儿童总是会选择符合自己观点的那张图片，他们还不清楚一个对象会有不同的视角外观，观察位置不同，看到的事物的外观也会存在差异。无论研究者如何改变提问的方式，他们总是选择位置一，也就是自己看到的景象。对儿童来说，自己看到就是正确的。

位置三　　　　　　　　　位置二

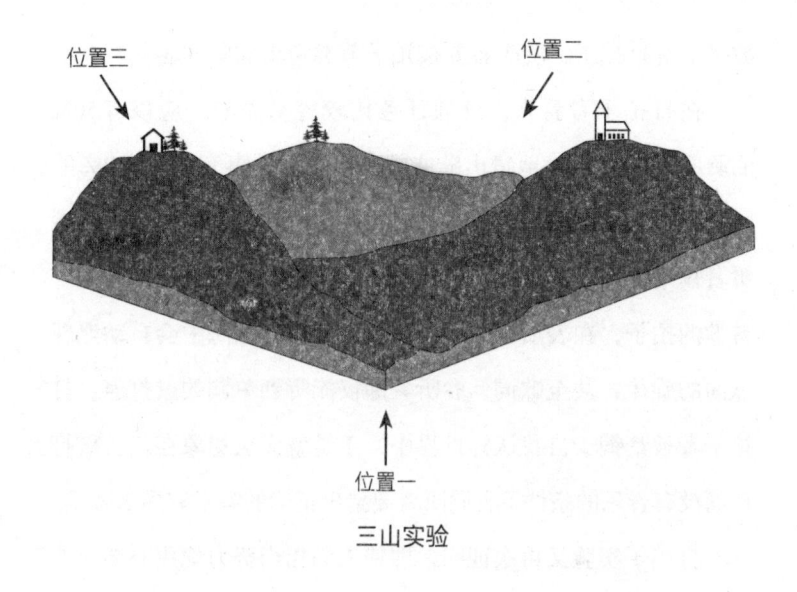

位置一
三山实验

　　虽然这种能力在成长过程中会获得改善，这些儿童最终也会通过三山实验的考验，可惜相当多的人对普遍视角的接收能力终其一生也没能发展完全。学者普洛宁也强调，许多人接收他人视角观点的能力特别差，也不懂得体谅他人的认知，原因就是他们受到了个人经验以及所得到的信息的限制与影响。

　　人们极易被禁锢于自我感知世界里，普洛宁借斯坦福大学伊丽莎白·牛顿所做的"打拍子实验"证明了这一点。受试者被分成"打拍子者"和"聆听者"两组，打拍子的人拿到一张列有25首大家耳熟能详的流行歌曲的曲目，并从中任选一首

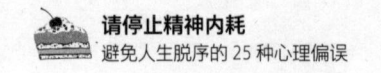

歌按节奏打拍子，聆听者要按拍子节奏猜出歌曲的名字。

在打拍子者看来，这项任务比较容易完成，应该有50%的聆听者能够正确地猜出歌曲的名字。可是事实上仅有3%的聆听者猜出了正确的答案，这表明打拍子者严重地低估了从聆听者视角看任务的难度。打拍子的人当然知道自己打的是哪一首歌的拍子，在表演打拍子的同时，他们的脑海中会自动浮现歌曲的旋律，甚至歌词，聆听者却仅能听到单调的敲打声。打拍子者被禁锢于自我认知世界中，于是就无法想象在仅有敲打声而没有音乐的条件下，聆听者要猜出正确的答案有多么困难。

打拍子实验又再次证明，即使人们相当努力地用心揣摩他人的心思，仍旧会出现不符合对方意愿的情况。对方依据现有的信息可能得出哪些结论，以及对方的感受认知受到基本知识的限制的程度有多大，我们都没有猜对。打拍子的人根本无法设想，如果仅靠敲打声而没有听到歌曲，猜测的结果将会怎样，这就是典型的后见之明偏差（参阅第22章）。

同样的情况也经常发生在我们的身上。比如我们早就无法想象，自己有小孩之前对许多事物的看法是怎样的了。又比如自己正巧不饿的时候，总会因为伴侣在超市疯狂购物而摇头。停车技术高超的人，也无法理解为什么有人会那么笨，甚至不能将车停进一个大空位。我们将"我的世界"和"这个世界"

相互混淆、画上等号，高估自我和外人看法的一致性。纵使一个人无法避免个人世界存在的认知偏差，至少也应该尝试着在评判他人的时候批判性地检验自己的观点——对方知道哪些信息？我可以确定他和我具有相同的需求、能力与认知吗？

当他人的行为将我们严重激怒时，我们会问自己：难道是我要求过高了吗？是的，事实的确如此，我们就是要求太高了。

我们要时刻谨记千人千面，人各有所长。尽管这不一定能帮我们省去麻烦或减少不愉快，却可以让我们公平地对待他人，从而更有意义地安排自己的生活与工作。一些突如其来的任务，如"你不妨在活动开始时说几句问候辞"，对许多人来说的确不是一件难事，但对某些人或许就如同面对世界末日一般，而在那些人看来，或许觉得临时设计传单或撰写在线表演预告文宣轻而易举。提前回忆自己曾经遭受的不公平待遇，会让自己产生"你根本不清楚你对我做了什么事，给我带来多少困扰……"的感觉，这种感觉有助于产生同理心，进而容易做到体谅他人；或是再想想那件白／金黄（也许是蓝／黑）色的洋装吧。

第8章 被拒千里的思考陷阱

——为什么我们总在最需要别人的时候将他们赶走

筋疲力尽的克拉拉下班回到家，急需一杯咖啡和几句鼓励的话语，最好再来一会儿足部按摩。"我现在煮两杯咖啡吧。"她冲男友杨喊道，迫不及待地想利用喝咖啡的时间向他诉苦，抱怨办公室疲劳的一天，以及来自老板的压力。不过，杨在忙着看手机，现在不想喝咖啡，于是简单地回了一句"不要，谢谢"。

这句话让克拉拉感觉好像被人迎面打了一巴掌，相当受伤：他怎么不想一想她现在有多需要他。克拉拉根本没想到杨在五分钟前刚喝了咖啡，好不容易才打起精神，准备处理一堆烦人的工作。她只觉得这个"不"字让她根本无法接受。因此克拉拉不停地责备杨："太好了，以前我煮咖啡你总是欣然答应；现在你只想一个人独处，可见我对你有多不重要。"

　　当然，她得到了意料中的粗鲁的回答："怎么回事？你吃错药啦？我现在正好不想喝咖啡，犯法了吗？等你情绪稳定了再过来吧。"

　　这下两个人把气氛彻底搞砸了。克拉拉的表现让杨没有了坐到她身边与她聊天（没有咖啡也可以）的欲望，克拉拉也难以从杨的身上得到原本迫切需要的关注。她现在的确有理由认为自己被拒绝了，这是一种自我应验预言，被拒千里的思考陷阱。

　　或许出于个人经历，你对上述行为模式感觉似曾相识。这种现象不是来自伴侣关系，就是来自职场或朋友圈，两个人分别扮演着其中的角色：一方一再地感到被拒绝，并因此变得十分沮丧；或者因遭到另一方非理性的指责而忍无可忍，最终真的表示拒绝。而每一个人遇到这样的克拉拉，唯一的想法就是逃开。

　　心理学家研究并分析了克拉拉等人的行为，指出此类行为导致的恶性循环：我们渴望得到他人的关注，不知道为什么，当对方无法彻底满足你的愿望时，你会因此产生被拒绝感。更棘手的是，这种单一的负面经验将对我们未来的行为产生消极影响，未来的我们会对拒绝的潜在迹象变得格外敏感，即便对方的中性行为也会被我们理解成拒绝。伴随着这种感觉，我们内心的不安情绪会加剧，我们会越发感到不确定，进而向对方发出无休无止的索求。对方因此被逼上梁山，进而在压力下做出唯一的选择——更加激烈地为自己争取自由空间。这是一种走入绝路的处境，是一种要求亲密与感到被拒之间反复进行的恶性循环。

哥伦比亚大学心理学家杰拉尔丁·唐尼及其团队，也针对此类受拒的敏感度和实际拒绝之间不断发生的不幸事件做了相关研究。他们在数周时间内，持续观察53对夫妻，同时要求这些夫妻用日志记录自己的感觉和行为。结果清楚地表明，夫妻双方对拒绝的感受存在着强烈的差异，也就是所谓的个性化拒绝敏感度。

对拒绝敏感度高的人，会表现出一种被毒害的行为模式：他们通过生活环境已经事先预料到会被拒绝，并伺机等待一个可以将对方的行为理解成拒绝的机会。如克拉拉这类对拒绝敏感度高的人，一杯被拒的咖啡就成为刺激二人关系的导火索。她的反应的确过激了，用斥责罪过逼迫对方，而对方也像她先前预料的一样做出了拒绝。如果其中一方的拒绝敏感度长期居高不下，那么就可能导致双方关系的彻底破裂。

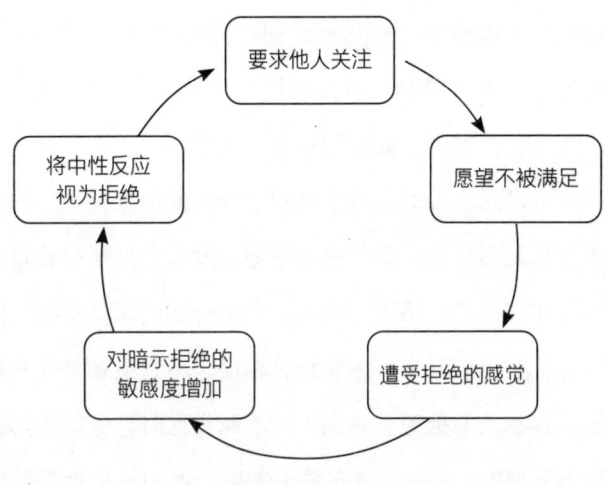

```
        要求他人关注
              ↓
将中性反应         愿望不被满足
视为拒绝              ↓
    ↑            遭受拒绝的感觉
对暗示拒绝的
敏感度增加
```

被拒千里思考陷阱的恶性循环

类似的结论也出现在唐尼及其团队的研究中。首批研究进行一年后，学者们再次联络了受试者，想获知哪些夫妻仍旧生活在一起。在最初参加这项研究的53对夫妻中，有15对夫妻已经离婚，差不多占到三分之一。事实上，离婚概率可以从受试者当初的日志中预测出来。这些离了婚的人在一年前的日志中，记录了较多对对方的不满意，产生离婚念头的频率也高于那些现在仍旧维持着夫妻关系的受试男女。

此外，导致夫妻离婚的关键因素之一还包括对拒绝的反应。两性关系中出现冲突争吵是相当常见的情况，至于事后会不会产生离婚的念头，从对女性的抽样研究中发现，取决于当事人对拒绝的敏感度——拒绝敏感度低的女性，一般不会因与丈夫发生冲突而对婚姻关系失去信心。当然吵架是不愉快的，不过总体而言，它不会威胁到双方的关系。

我们可以想象人的大脑中有两个分开的抽屉，一个抽屉里装着冲突和此刻对另一半的满腔愤怒，另一个抽屉里装着二人美好的过往。拒绝敏感度高的人，会把全部的感受都纳入同一个抽屉里：在他们看来，如果意见相反，不管主题是什么均等同于是对其本人的拒绝。当别人持不同意见时，他就将其翻译成"你不需要我"；一旦与人发生争执，他的整个世界就崩溃了，这段关系也迅速失去存在的意义。

不仅男女关系如此，朋友或同事关系中也经常出现被拒千里的思考陷阱，这对双方都是一种痛苦及伤害。遭拒者会陷入孤独与被抛弃的痛苦之中，另一方此时做什么都是错的。因为对方的过度敏感，导致自己无论采取何种行为均无法满足对方的需求。

那么，我们如何才能不让自己陷入被拒绝的思考陷阱呢？万一这种情况发生了，我们又应该如何跳出这个陷阱呢？

通常情况下，视角审视是摆脱这个思想陷阱的一把重要的钥匙。身为"被拒绝者"的我们，最好能设身处地地站在对方的立场来看待事情，检查并审视自己是否有必要感到如此受伤,或者我们是否在要求对方具有预言者的能力,因而将其引诱到一个可以对我们造成伤害的位置。不过问题是——难道对方是存心想将我们的希望毁灭吗?或者我们是不是没能将自己的愿望清楚地表达出来?如果克拉拉认为对杨倾诉自己的一天很重要,那么就应当明白地告诉他;如果她仅仅想问他是否需要咖啡,那么他自然没办法了解她的愿望。

当然,对方也许是真心想要拒绝我们;无论是否泡了咖啡,现在对方都不想听我们诉说,只是一味地推托敷衍。这种表现尽管令人伤心,但如果你能保持自控力,就可以对抗当下的负面感觉,克制自己的怒火。而这样,的确是比较聪明的做法。要让自己明白,采用其他的做法只会让自己更受伤,而且会与自己希望受到他人重视、获得关爱的目标越来越远。对方并不会因为我们的要求或向其施压就迎合我们,只有当他确认与我们相处会感到自在愉快时才会予以回应,遗憾的是,你的要求与需要对他一点儿都不具备吸引力。

也许你现在会想,真是说的比唱的好听;当我内心产生强烈的需求时,我又怎么可能克制住自己的情绪呢?的确,这并非容易的事情。再说,倘若行动上不表现出个人的独特性,也无法为建立任何一种关系打下良好的基础,时间一长就会感到劳心费力。对此,比较好的方法是,真实地降低对他人的需求,重塑自己受人欢迎的乐观心态。你不妨为自己戴上心灵的反向眼镜,突破恶性循环的陷阱,避免刻意去寻找对方拒绝你的蛛丝马迹(至少要持续一天),反而以期待之情寻找欢迎的征兆。这样一来,你就会感觉自己在一段关系中是受到欢迎的,自然就会降低对亲密与关注的需求。

至于被设想成"拒绝别人"的那一方,又应该怎样气定神闲地做出相应的反应呢?至少从心理学的角度去理解对方的"疯狂"的行为,是极有帮助的方法。仅仅因为我现在不想喝咖啡就与我发生争执?乍听起来尽管令人感到莫名其妙,不过对方不见得有多么愚蠢或发疯,她只是恰好处于大脑错误地解读他人的行为的状态。不妨谨慎婉转地提醒对方,尝试缓和紧张气氛,不过最好避免和对方进行冗长的细节讨论,否则只会让冲突尖锐化,甚至增强对方的"幻觉",强化对方被拒的感觉。

认清这个"被拒千里的思考陷阱",对双方是相当重要的第一步,被拒绝者一般只需要通过这层认识就可以逃离陷阱。在所谓的顿悟时刻,我们会突然领悟到是自己在挑衅拒绝,而不是身旁的人。如此一来,就算对方说出"不"字,我们也可以潇洒地面对——那么两杯咖啡我都喝了吧。

第9章 礼物的幻觉陷阱
——自私的行为披上了利他的外衣

托比亚斯特意起了一个大早,煮了咖啡,布置好餐桌,甚至还买了一大束鲜花。今天是老婆的生日,一切都要做得完美。尤其玛丽亚最近几天工作忙到焦头烂额的地步,几乎没有二人世界的时间。今天她好不容易能够休假,而且托比亚斯中午才需要去办公室,这真是温馨美好地共进生日早餐的最佳时机!

然而事与愿违,当托比亚斯用轻柔一吻试图唤醒玛丽亚时,她只想继续睡。两小时后依旧如故。时间一点一滴地过去,现在已经快到中午了,托比亚斯渐渐开始不耐烦了,心想:何苦如此大费周章呢?直接说吧,况且此时他也饿了。于是他又进房间去看老婆,并对她说:"你到底起不起床?我煞费苦心地为你做了早餐，而且等着你拆礼物，你看看现在都几点了，我马上就要出门上班了。"

玛丽亚一听，顿时气得七窍生烟。"不能晚点儿吗？我连续好几天熬夜，累得要死，你现在还来烦我！我不需要早餐，也不需要礼物，只想安安静静地睡觉。到底今天是我的生日，还是你的生日？"

托比亚斯惊呆了，难以置信地说："可是我做这一切都是为你啊！"

托比亚斯说得对吗？他所做的一切，真的只是为了老婆？托比亚斯或许希望（估计绝对希望）老婆会因为他准备的生日早餐而欢喜雀跃，不过这主要还是想满足他自己的需求，希望和老婆共度温馨的早晨时光。可是她的需求——起码在生日这天终于可以睡一个好觉——对他而言则显得次要了。尽管她已经清楚地表达了自己的心愿，他还继续试图将自己的"礼物"强加给她。

如果我们仔细观察托比亚斯的行为，就会发现这是一个礼物的幻觉陷阱。礼物是自愿、无交换条件地将财物或权利转让他人。而礼物的幻觉则体现在，它的本质并不是礼物，而是加之于他人的义务，比如得和对方共度时光、表达谢意以换取礼物,或以回礼来回报;其关注的焦点每每放在送礼者的需求上,而不是受礼者的需求。

约瑟芬的案例也是如此。她为老公送上双人瑜伽课程礼券,想让瑜伽变成两人共同的兴趣,结果老公感觉自己受到了严重的侮辱,因为他根本不想要这份礼物。而芙丽达姑姑也不例外。每年侄女过生日时,她总是送给她一些从教堂义卖带回来的无用杂物,还希望侄女自己上门来拿。于是侄女不得不每年例行公事地为了这些废物向她表达深切的谢意,然后再不情愿地消化掉芙丽达基于对烘焙零认识的前提下制作的"暗黑"甜点。

与礼物的定义有所不同,这些礼物实际联结的是受礼者的回报,接受礼物却不予以回报就会导致送礼者的不满。即便对方想完全避开"交易",几乎也不会选择拒绝礼物,因为此举很可能激怒送礼者,引发更多的冲突,所以只能勉强接受。

礼物的幻觉在伴侣关系中可谓屡见不鲜、极其普遍。韩国高丽大学的三位心理学家联合发表了一篇题为《并非每一份礼物都是给别人的》的研究论文,文中分析了夫妻、情侣间赠送礼物背后的动机。他们所做的问卷调查结果表明,受访者送礼给对方的原因相当多,不同的人,动机也不同。有情绪性的动机,比如"因为我爱我的伴侣";有"维护关系"的动机,比如"因为传统上这一天情人们会互相送礼";但也有人是为了展示自己的权力与影响力,比如"我要让别人知道我什么都买得起"或"我要让对方印象深刻"。在这种情况下,礼物就是达到目的的一个工具,于是研究人员将其称为送礼的工具性动机。自恋型受访者的身上,此类动机尤其明显。这也表明,礼物背后的焦点多集中在送礼者身上,而不是受礼者身上。

自恋倾向的送礼者,送礼也经常送出压力,给关系带来远大于快乐的痛苦,尤其是当伴侣将礼物看作衡量彼此关系的质量的重要指标时,这种情况经常发生。更糟糕的是,一旦对方送了不合自己心意的礼物,则又代表着一个灾难性的信号,因为送错的礼物表示:你没有充分了解我、我不值得你付出、你不爱我。为另一半找到一份"完美"礼物(或千方百计地暗示对方,让他猜自己喜欢什么礼物)的压力,真的沉重到难以负荷。

送礼的压力:对伴侣关系造成的后果审视

送礼是一种复杂的文化礼仪,其中隐藏着众多无法言明的规则,尤其是当送礼的对象是自己最爱的人时,我们经常会感到莫大的压力。因为礼物经常代表着对方近乎无法满足我们的期待——那并不是随随便便的某样礼物,而是一份合适的、绝对符合自己品位的礼物。不过确切是什么,就需要送礼者自己去琢磨;倘若我们直白地说出具体的愿望,那么这份礼物就会失去价值。由此,伴侣间的礼物就成为衡量关系好坏的红绿灯:受礼者认为合适的好礼物就象征着双方感情如胶似漆,不适合的礼物则影响了彼此间的亲密感。有趣的是,学者伊丽莎白·邓恩发现,男性尤其容易表现出此种倾向。

邓恩的第一项研究是以抽签的方式,把互不相识的男女进行配对,再观察礼物对初识不久的男女的影响。受试者的任务是从12份礼物中,为配对的另一半挑出一份礼物,如果对方幸运地抽中签,那么就可以在研究结束后获得这份礼物;受试者会得知对方为他们挑选了什么礼物。不过男性受试者对不合心意的礼物产生的负面反应比较强烈,会认为和配对女伴不投缘。

第二项研究是观察真实伴侣对礼物合意与否的反应。在这项研究中,同样也是男性对不合心意的礼物反应较强烈,感觉和女伴的契合度不高,甚至认为两人未来的关系前景暗淡。值得玩味的是,部分女性受试者甚至出现了相反的效果。她们在收到不适合的礼物后，反而对未来双方的关系给予了较为正面的评价；尽管依据本人的描述，礼物的确毫无吸引力（和男性的描述相同）。导致这种结果的原因尚不明确，或许她们认为拿到差的礼物会对未来双方的关系构成威胁，一定要加以平衡补偿，因此对未来的期待格外乐观。无论如何，唯一可以确定的是，每个人都在意另一半所送的礼物，男女双方都把礼物的合适性与双方未来的关系联结到一起。

这种充满压力的送礼行为在伴侣关系中也属于礼物的幻觉——已经不是在为对方制造快乐，而仅仅是为了证明自己可以配得上对方。除此之外，如果送错甚至没送礼物，则会导致双方关系面临危机，那么礼物的自愿性也就令人质疑了。在这样的条件下，根本不存在出于真心实意送出的礼物。

我们应该怎么做，才能让礼物重新变成传递情意的媒介，让我们重新拥有送礼和收礼的快乐？这就需要送礼者和收礼者共同努力了。

身为送礼者：

- 挑选礼物时不妨扪心自问：这的确是会让对方高兴的礼物吗？还是我想借此让对方变成自己幻想的那个人？如果你把东西当伴手礼，而非正式的礼物，那么就和对方坦诚地沟通，他也比较容易接受你的建议。比如："我带了点东西回来给你，如果你愿意试试看，我会很高兴。"

- 为对方挑选适当的礼物时，不必给自己施加压力。既不要迎合对方的期待，也不要受制于礼物怎样搭配场合才算得体的习俗。比礼物更重要的是传达一个信息：我想到你了，并没忘记你的生日。

- 万一没找到合适的礼物，也千万别敷衍了事，送对方无用的杂物，否则双方的感觉都不好。不如实话实说："我左思右想，你的确需要一个新的某某东西，可惜我没找着心中所想的完美款式。要不然下周末我们再一起去挑选？"

身为收礼者：

- 请尽量不要受对礼物的期待不影响。不妨给送礼者一个机会，让他保持轻松愉快的送礼心情。你也会因为无所期待而令自己获得一个收到各种意外惊喜的机会。
- 请不要为了收礼物而增加自己的压力。告诉自己，真正的礼物不会要求回报；如果你觉得收礼物会招来的问题多于喜悦，身为受礼者的你也有机会礼貌地谢绝礼物。不妨让自己挣脱复杂的收礼义务的束缚，尤其这原本就是你不感兴趣的义务。

最后再给期待提升的读者一个建议：有心改变的人，请在伴侣、家庭或其他习惯送礼的关系圈中进行沟通，问问对方是否愿意共同寻找一种新的方法——不如我们摆脱送礼的压力，让礼物成为真诚、无须期待回馈的自愿性心意，好吗？这也包括无须受特定节日的支配，只需在适当的时候送上一份完美的礼物，因为一个人一旦感到时间压力，挑选的礼物就不可能完美。难道迟来却称心的礼物，会不如情人节准时送上的平淡无奇的礼物更有价值？任何一个独立于习俗成规之外的时刻，如果机缘巧合，都可以给对方送上一个小小的惊喜，那更能让双方获得加倍的喜悦。

不过请注意，这项提议仅能在你绝对有心要做的情况下才可以进行，否则最后将使你步上众多熟悉的家庭的后尘——尽管大家已经约法三章，圣诞节不再互相送礼，结果却有人因为对方遵守约定而大失所望。他想，起码可以送一份小礼物吧。送礼的人，表示家人在他的心目中的地位特别重要；而遵守约定、什么都不送的人，就让人觉得家人对他而言一点儿都不重要。

第10章　归因偏差
——替他人的行为寻找原因常犯错误归纳

宝拉忙得快喘不过气了，她急着去采购，准备今晚招待客人。可是好像所有的事情都在与她作对，不但莫扎瑞拉干酪卖光了，而且退瓶机也拒绝接收她的空瓶。偏偏手机又来让她分神——妹妹安雅给她发了短信。安雅最近找到了第一份工作，刚刚搬到一个新的城市，于是得了职场新人惯有的环境适应不良症。"这里的一切都让人讨厌。我的老板很不好相处，同事们也都在私底下拉帮结派，我根本融入不进去。我一定得回来找你们，明天就递辞职信……"

如果现在有时间，宝拉一定会马上给妹妹打电话，好好地安慰鼓励她一番。现在，她只好一边用一只手把购物车上的东西放到结账输送带上，一边用另一只手简短地打几个字回复她"振作一点，心爱的妹妹！给自己一些时间……一切都会好转的"，再加一个笑脸符号。她知道妹妹有多么苦恼，不过妹妹也是时候学着长大了，别把所有的事情都看得那么悲观。

很快，安雅的回复就传了过来。"你要说的就是这些吗？我早知道我对你不是真的重要，你就觉得我总是那个烦人的小妹妹。"

这下宝拉也不耐烦了，她抽空回短信安慰妹妹，竟然还被埋怨。不过既然已经开始对话，她也没办法再回头：如果现在她不回短信，恐怕妹妹的情绪会彻底失控。正处于分身乏术的时候，宝拉还得写一段冗长且复杂的短信，或者干脆打电话向妹妹解释自己既没生气也不是不耐烦，只是现在她真的很忙，没时间和安雅细细地谈论这些问题。

在安雅看来，这个解释的确是相当迫切且必要的，因为她已经处于完全崩溃的状态，坚信全世界都联合起来对付她，甚至连姐姐也不想搭理她。

安雅之所以会如此负面地看待姐姐，是基于所谓的归因偏差：她把姐姐的行为统统归咎到姐姐的观念和性格（她不关心我）上，完全忽略了姐姐当时的处境可能对事情造成的影响（说不定她正在忙，所以此刻才没有像平时那样详细地回复）。

总结：即便外在因素才是关键因素，安雅却只揣测了内在因素，将行为全部归结于宝拉的性格与基本态度。

数字世界的沟通出现误会的概率相当频繁，如脸书、Instagram与微信等科技传达给人们一种感觉，即可以持续地掌握他人正在做什么。利用形形色色的贴文、他人发来的自拍和语音留言，我们可以横跨地球追踪他人的生活，甚至还可以使用一些实时定位功能，精确地标定对方身处何处。借由WhatsApp中的蓝色勾勾，我们可以看到他人是否已经阅读了发去的信息，然后推断对方的日常作息——他现在大概刚起床（已经接近中午了）；此刻他可能刚从足球场回来，正在查看手机；他这时应该回复我的信息了（他竟然敢不回我的信息）。

可是，这类科技同时也营造了一种亲密的幻觉：我们太习惯于持续的接触，以至于当对方偶尔一次没回复我们，我们就容易被激怒。他或许有充分的理由，但我们根本不去考虑。迟来的回复就被当作缺乏尊重的象征。

笔者联合丹尼尔·乌里希，对这类数字世界的社会冲突做了进一步的研究，并搜集了相关的报道，发现归因偏差是导致冲突的常见原因之一。比如一名受试者跨年去度假时，故意将手机关闭，想借此让大脑彻底休息，没想到因此导致他没有及时回复别人的新年祝福，招来别人的极度不满，不少朋友因此气恼失望，认为："跨年夜不发信息给我的人，大概认为我不重要。"

人们没有去想事情或许存在其他可能，比如对方因为度假而关闭了手机，就径自为对方的行为贴上"负面"标签，忽略了特殊状况的存在。

早在智能手机被发明之前，心理学界就注意到这一现象以及充满冲突意味的文字信息。首先是20世纪70年代学者罗斯的研究，及其关于普遍行为倾向的描述：我们依据他人的行为来判断对方，而不在意促使他们这么做的原因所在。我们在大多数情况下会从对方的个性与人格来揣测问题的原因；而外在的影响因素（比如社会与情状因素），则经常被忽略。

用反向推论法来说，如果外在因素导致一个人的行为不符合其本人的性格或真实立场，归因偏差就可能导致我们对这个人产生一个完全错误的印象；有趣的是，当我们已经被明确告知存在外在影响因素时，这种情况仍然存在。

归因偏差的早期心理学研究

社会心理学家琼斯与哈里斯在一项早期研究中，要求受试者阅读一篇（据说）由某人撰写的文章，文章中对某个争议性话题表达了明确的政治立场，比如赞同或反对某政治家，然后请受试者对这个人进行判断。其中一半的受试者被告知，作者可以在文章中自由选择政治立场——赞同或反对该政治家，即所谓的有选择条件；另一半受试者则被告知，作者事前被指定要表达赞同或反对该政治家的立场，也就是所谓的无选择条件。由此我们可以假设，文章中的立场是通过情状或研究指导人的指示而决定的，并不一定符合作者本人的真实意见。全体受试者在读完这篇文章后，被要求以不同的评分量表评估作者的意见（赞同或反对该政治家）。

结果：不论是有选择条件还是无选择条件，受试者均会推测作者的真实意见符合文章中代表的立场。这表明，即便已经被告知有外在因素介入（作者被要求采取某种立场），人们进行判断时依旧会忽略此点。

此后数年，陆续有学者以不同的变化形式及背景做研究，都发现了相同的现象。

在网络和社群媒体兴盛的时代，对他人的形象塑造，除了受人际间的直接接触影响，更受到网络自我呈现的影响，比如脸书上的个人档案及上传的照片。笔者与拉拉·克里斯托弗·拉克斯合作，以自拍照片为例，研究了归因偏差在这个领域的意义：我们感兴趣的是，自拍照的姿势对观察者推论自拍者性格的诱导力量究竟有多么强大。

研究人员向受试者展示了一张年轻女性的自拍照，她的姿势是网络上千篇一律、典型的"自拍姿势"——身处于照片中央，目光直视镜头，微张嘴唇，几缕发丝看似随意却完美地裹住脸庞，面部微微上仰，脸型因此显得更加细瘦……受试者的任务是形容照片上的女孩的性格。

根据上述的归因偏差研究典范，我们把两种实验条件进行了比较：在指令条件下，受试者得知自拍女孩受到必须摆出这种姿势的指示；在控制条件下，受试者并没有获知任何关于自拍照的信息。

同以往其他学者对归因偏差获得的多数研究结果一样，女孩受到指示的相关信息并不曾对受试者判断自拍者的性格产生影响：无论实验条件如何，受试者均认为自拍女孩自恋、外向、自信，却不够踏实。换句话说，即使受试者已经提前得知女孩是按指示摆姿势拍照的，还会以她自拍的姿势来判断她的性格。

由此可见，人们的思考模式总是一成不变：把他人的行为和性格联系起来，而不去追问或许有某些外在因素影响了此人的行为。劝说人们在思考问题时，要多多考虑影响他人行为的外在条件，经常是毫无用处的。

又比如在数字沟通领域中，随处可以看到人们使用事前准备好的末端备注（比如"发自移动设备，如有笔误请见谅"），以传达有关发送信息者的情况，希望接收信息的人可以体谅自己在发信息时出现的任何疏忽。然而诸多研究表明，此类备注根本不会影响到接收信息者对发送信息者的印象。

发送信息中的打字笔误会给人留下负面印象，令人对发送信息者在其他方面也产生负面判断，比如此人做事不够谨慎，不够可靠，等等；即使得知发送信息者是在外出途中发送的这条信息，也不会加以谅解。甚至接收信息者极有可能在阅读时将这条备注完全忽略，就像笔者和丹尼尔·乌里希所做的研究结果显示的那样。

综上所述，本章开头的案例中，安雅的行为以及其对姐姐回复信息过于简短引发的负面反应，尽管不公平，也令人遗憾地引发了姐妹之间不必要的冲突，进而令双方产生不愉快的情绪，但如果从归因偏差的观点来看，这是可以原谅的。

避免归因偏差并不容易——我们怎么知道对方是在什么情形下做出这样的行为的？尽管如此，我们还是应该试一试。至少不要马上把对方的负面行为和你自己联系起来,而是要考虑到或许发生了你不知道的状况,如此一来就可以避免相当多的不必要的负面情绪的产生。不再把任何事情都和自己联系起来,那么就可以放下心中的负担。

祝你成功地自我解脱!

第11章 "我比你想象中更了解你"的错觉
——我们经常高估对他人的认识

凯坐在企业管理系的课堂上，无聊到发慌，他实在难以忍受这位傲慢的年轻教授的陈词滥调。他用充满鄙视的眼神瞟过教室里的一排排座位，同学们个个好像都在聚精会神、入迷地倾听着废话。"他们真是一群笨绵羊。"凯感觉自己好像是这个星球的访客。

或许凯对上课和人生的体验，的确和坐在身旁的人截然不同；也或许有几位同学并不像凯所想的那样，他们同样认为课程内容不吸引人。

这种"我比你想象中更了解你"的错觉相当普遍。有时仅凭几份关于大学生活的观察报告、网络的陈述和照片，几分钟的聚会闲聊，我们就自认为已经得到了足以描绘一个人形象的信息。同时，我们却认为他人并不真正了解我们，不允许他们仅凭少数同类型的信息就对我们做出判断。

这种扭曲的认知同样出现在实验中。心理学家普洛宁的团队进行了一项研究，让一群素昧平生的受试者互相提问，以便认识对方，比如"你如何看待十年后的自己？""你梦想中的暑假是怎样的？"对话结束后，每个人要评估自己对对方的了解程度，以及对方可能了解自己多少。受试者的回答方向相当一致——他们依据简短的交谈，自认为对他人的了解远胜于他人对自己的了解。

我们凭借粗浅的印象就对他人进行全面的判断，可能对人生造成不利的影响，比如在选择伴侣和朋友时会看错人，或者在面试时做出错误的决定，等等。

许多企业老板和人事主管们经常以为自己具有知人之明，可以仅凭一次面试就选拔出最佳的职位候选人，因此并不重视试用期考察或对应聘者的履历进行审视。但实际上，后两者才能在众多方面帮助他们做出较精确的预测。在大学申请人获取文凭的评估方面，教授对候选人的面试也远不如客观信息（比如中学的平均成绩）来得准确。

所以心理学家理查德·尼斯贝特也认为，只要掌握了包含关于应聘者重要信息的档案，其实不必与应聘者面谈，前提是老板能将面试所占总评分的比例压低。然而，他认为这种可能性微乎其微，因为我们过于自信，认为仅凭自己的观察就可以正确地判断某人的能力与特质——可惜这种想法是错误的。

从心理学的角度，其实不难理解出现"我比你想象中更了解你"的错觉的原因：学者普洛宁认为，问题的关键在于掌握了多少有关自己和他人的信息。谈起自己，我们可以从不同的来源搜集到丰富的信息，知道怎样在特定场合做出适当的行为，也了解内在的自我。而对他人，因为可以掌握的信息有限，大多数情况下仅能从其外显的行为加以判断。而我们深知，外显行为与内在观点不一定相符，自己就是最好的例证。

我们日复一日不断地做着与内心想法不同的事。为了保持社会群居生活的正常，出于礼貌的原因，我们确实有必要这样做，但这样的做法对于彼此加深了解没有帮助，对于表露个人的整体性格与特质也没有帮助。

> 凯不仅在企业管理系的课上神游天外，和艾娜姑婆共进下午茶时也不例外。他喜欢艾娜姑婆，当她兴奋地诉说着高中毕业五十周年同学聚会时，他频频点头，表示赞同。不过仅是想象同学聚会的场景，他就感到不寒而栗。那么多老人齐聚一堂，谈

论着多得数不清的老故事……可怕啊！他才高中毕业五年就已经不想再见到老同学了。可是这个念头还是留给自己，别说出来吧。于是当艾娜姑婆开始谈及有关抽象意识等理论时，凯也懒得解释他根本不赞同她的想法的原因，因为辩论不会有结果，而且会造成艾娜姑婆不必要的激动情绪；况且凯一会儿就要与她告别了。倘若这么想可以让她快乐，那又何乐而不为呢。

如果从第三者的视角来看，凯的行为很可能被错误地解读为赞成——凯，一个性格开朗的年轻人，真诚地关心老人，对老人的一些想法也持开放的态度；他一定相当乐意陪伴艾娜姑婆参加下一次同学聚会，而她也为他准备了一份完美的生日礼物：杜塞·度斯特的最新畅销书《超乎肉体之旅》。

可见"我比你想象中更了解你"的错觉是难以避免的，同时也为我们的日常生活、人际关系以及对他人的判断提供了几个有趣的结论。我们首先只能依赖由观察获得的信息对他人进行判断，这是无可厚非的；反之，一旦我们开始揣摩他人的内在状态与动机，就经常错得离谱。所以，依据他人实际的言论和行为进行判断，仍是一个相当稳妥的简单法则。

不过我们应避免落入谬论的陷阱，不应该仅凭个别情形的印象观察，便描绘出他整个人的"真实"性格。假如我们想明确地知道，最好针对焦点进一步询问："上回你对艾娜姑婆的抽象意识理论似乎颇感兴趣。你真是这么认为的吗？或者你是怎么想的？"说不定你会得到意想不到的答案。

特别是当我们对他人的判断可能造成深远影响时，例如选拔人才或刚交往两个月就谈及婚嫁等，必须将判断的基础加深拓宽。应该尝试透过其他信息来判断自己对对方的当前印象，比如选拔人才时，可以参考比较客观的信息，如毕业成绩、证书及实习试用结果等；选择伴侣时，最好先与对方相处一段时间，如果在此期间能经历各种不同的状况就更好了，因为这样一来，就能对未来两人能否长久生活在一起做出较为准确的判断了。

在结尾，笔者要告诉读者一个好消息："我比你想象中更了解你"的错觉，既可能使我们认为自己与他人的相似度大于实际的相似度，也可能导致完全相反的结论。也许我们撕开他人外表的伪装，发现彼此的相似度竟然超过了从前的想象，或许鄙视企业管理教授讲课的学生并非只有凯一人。类似的现象也经常发生在聚会上，大家看上去都兴致盎然，享受着美酒，只有自己是格格不入的异类——其他人当真像上传到Instagram的照片那样，觉得聚会很酷吗？也许私下和对方聊一聊，你就知道了。

第12章　情绪修复偏差

——我们越想化解冲突，就越容易弄巧成拙

沙宾娜相当肯定，她的老公约克一定有什么心事……否则，他不会无缘无故地噘嘴生闷气，可惜他不愿意承认，只是敷衍地说自己有点累。这让沙宾娜更加按捺不住：他总是这样，难道有什么事不能坦诚地告诉自己吗？她原本期待着属于两人的夜晚……如果他告诉自己，自己应该可以帮得上忙啊！于是她一次又一次地试图接近他："我看得出来你有心事。跟我说说嘛，否则我想帮也帮不了你。"

这时约克的耐性终于达到了极点，他发火了。"十分钟前我还没问题，现在真的有了。问题就是你！请别烦我，让我静一静行吗？"

你很可能对沙宾娜的案例心有戚戚焉，尤其当我们除了一个卿卿我我的夜晚，其他什么都不想要的时候，偏偏事与愿违，还受到另一半如此不公平的对待；明明自己是一番好意，却惹来一通抱怨。就像前章本意善良的认知偏差（参阅第3章），盛情美意（想改善对方的心情）也不一定能结出善果，反而会将双方的距离拉得更大。导致这种矛盾产生的原因——仔细观察，这也和本意善良认知偏差类似，就是以自己的需要为先，而没有考虑他人的感受。

沙宾娜无法忍受自己的负面情绪，不愿意接受老公明显是没来由的坏心情，一味地钻牛角尖，所以不管怎样都要修复她的负面情绪，并试图竭尽全力帮助老公丢掉她臆想的"负面情绪"。事实上，她真正要管理的是自己的感觉，而不是老公的，这就是所谓的情绪修复偏差。

情绪修复偏差会导致一方想化解冲突，却弄巧成拙，令冲突更加尖锐化。其实，这是我们的不安情绪在和我们恶作剧——自认为尽了最大的努力，却没想到积极行动引发了更加尖锐的冲突。这时最应该做的是耐心等待，并尝试去做其他事情以转移自己的情绪焦点。这样一来，不仅可以缓解气氛，还可以为另一半提供更多的空间——只要他有需要，自然会重新主动接近你。因为大家都厌恶他人干涉自己的问题，也不愿意他人剥夺自己的时间，何况这个他人还戴着"都是为了你好"的伪善面具。

情绪修复偏差一旦和罪恶感相结合，极可能会引发强烈的致命效应。当人们开始良心不安，假设自己也是造成对方负面情绪的原因之一时，他们就更难接受对方的拒绝了。

事实上，罪恶感是最痛苦不堪的情绪之一，我们在内心千方百计地想摆脱它。因此受愧疚感折磨的人具有很强烈的帮助他人的意愿，尽管受帮助的人可能与其愧疚感产生的根源风马牛不相及。就像心理学家丹尼斯·黎根及其团队所进行的研究那样，受试者认为自己弄坏了照相机，所以在购物时非常愿意帮助陌生人捡起打翻后购物袋散落在地的物品。

实验：罪恶感与购物中心的助人行为

黎根和他的团队借助于在购物中心进行的一项实验，研究了罪恶感对助人行为的影响：实验的主持人借口请求偶然经过的路人帮忙拍照，将坏了的照相机交到对方手中。

其中一半（非自愿）受试者完全不知所措，但被主持人告知责任不在他们，相机已经相当老旧了，不时地"闹罢工"；另一半受试者则受到主持人的指责,谎称是他们弄坏了相机,并试图借此唤起受试者的自责心。果不其然,受试者在"罪恶条件"下产生了急于弥补的心理需求。

几分钟后,受试者见到一名年轻女子(实际上是研究团队成员之一)打翻了购物袋,物品散落了一地。被告知相机坏掉罪不在他的那一半受试者,毫无助人的心理需求,20个人中有17人都绕过年轻女子走了;反之,处于"罪恶条件"下的另一半受试者,却大多表现出主动帮助女子捡拾掉落的物品的行为。

这里同样出现了情绪修复的需求——心生愧疚的人急于摆脱这种负面感觉,自然而然地会利用当下的一个最适当的机会,借由善举来洗刷弄坏相机的罪恶感。

所以,罪恶感可以为他人带来正面效应,让我们从急于助人的心理需求中获益。反之,倘若恰好此时无意寻求帮助的对方必须要帮忙修复我们的情绪,那么情况就会截然不同了。被我们选中的帮助对象常常拒绝接受不请自来的帮助,结果导致冲突扩大,就像沙宾娜和约克那样。这个思考陷阱的潜伏危机是,沙宾娜很难通过观察自己的行为找出症结所在——她好心好意帮助约克纾解情绪,这有什么不对吗?

情绪修复偏差不仅发生在伴侣关系中，它随时随地都可能出现，只要是彼此重视的人，一方的退缩就会导致另一方产生不快的感觉：我们无法忍受被拒绝，所以急欲修复自己的情绪。

珊德拉也是这样，因为她说了一句不经大脑的笨话，好友妮可感到相当受伤。实际上这并不是什么大事，妮可也不打算再继续扩大冲突，她只是需要一点时间来平复自己。可是珊德拉偏不接受——她要马上修复她的情绪，让闺密向她保证自己什么事也没有，于是她绞尽脑汁地想出各种借口给妮可发信息："祝你今天看牙医一切顺利""阳光灿烂的傍晚，我不由得想起我们一同散步的情景"。珊德拉希望通过得到闺密的回复，以让自己好过一些。

不过妮可现在更需要时间来平复自己的心情，这些无关痛痒的信息不断地涌来，令她感到烦躁，也迫使她不断地回忆起那次的冲突，所以她并没有回复。可她越沉默，珊德拉的痛苦就越大，就越想挣脱负面情绪的影响。"为什么她要让我这样坐立不安？我知道她也在等待我们重归于好。"她的判断是错误的。妮可需要的是安静，珊德拉无数次修补关系的尝试，只会将妮可伤口复原的时间拉得更长。

结论：情绪修复偏差是一种到处都是陷阱的心态，它会让原本不值得大惊小怪的小矛盾最终演变成真正的冲突。急欲丢掉负面情绪的心理需求，会促使我们采取一些事后感到非常后悔的行动，因为它会导致并非发自内心（重新接近对方）的反效果。

另外，情绪修复的需求也经常被他人利用，比如有人为了说服我们积极为其关注的人或事捐款，于是故意使我们的良心不安。心怀内疚的人，就会产生为对方修复负面情绪的极大的心理需求，也就容易做出不符合自己初衷的非理性行为。

那么我们应该如何避免成为这种思考偏差的受害者呢？不妨把日常生活当作自己的训练环境，并自我观察：

- 你是否不时做出修复自我情绪的行为？成功的概率有多高？
- 想要修复自己的情绪的感觉从何而来？这真的是你发自内心的恶劣感觉吗？或者是你听信他人的诉说产生的？或许是你从他人身上猜测得来的感觉？仅仅因为伴侣情绪不佳，我就一定要有负面感觉吗？

能做到不再把假想的他人的负面情绪变成自己的，自然就可以让情绪修复偏差失去用武之地，因为不存在坏心情，就没有什么需要修复的。

第13章 极端化陷阱

——人们总是将彼此之间的鸿沟越挖越深

罗伦有一个超酷的点子：举办圆桌会议来讨论薪资透明的问题。几周以来，公司内部的气氛相当热烈——未来员工薪资都应该公开透明吗？透明化能提高大家的满意度吗？或者看到同事的薪资单会更加愤恨不平吗？大家各持己见，争论的内容也早已远远地超出最初的议题。

这样下去是不行的，罗伦主动介入协调，想让讨论重新回到正轨，让大家就事论事，彼此开诚布公地讨论。公司主管同意了罗伦的想法，让各部门代表出席交换意见。

然而，罗伦在关注讨论会的进展的同时，却开始怀疑自己的想法了，因为公司内部彼此体谅的意识不但没有得到增强，相反，会场的讨论还越发尖锐，各方立场趋向极端化。最后仍有两大阵营对峙不下，罗伦根本感受不到一丝他所期待的和谐气息。

罗伦经历的场面是一种熟悉的心理效应：极端化陷阱，又被称为错误极化效应或虚假极化。实际上，两大阵营之间存在的实质性差异并不像表现的那样格格不入，因此是虚假的极化。

极端化陷阱指的是形成实际上并不存在的表面的极端化现象。举例来说，男女对异性的价值观与信念的评估差异要远大于实际差异；反之，对同性价值观的评估，相似度却过分偏高。这是心理学家安东尼·巴斯塔迪运用问卷调查得出的结果，可以将之称为一种感受性的性别差距。这是一种实际上并不存在的差距。

研究：教授落入极端化陷阱

研究者以高等学府为范围进行了另一项极端化陷阱研究，调查对象是美国大学及学院的英语教师。研究人员罗伯特·罗宾森和达契尔·克特纳请受试者拟定一张英国文学初级班课程的阅读书目，并让他们从50本书籍中挑选出他们认为最合适的15本作品，进行讨论。

研究人员对两组教师的陈述特别感兴趣,其中一组被称为"传统派",另一组被称为"修正主义派"。两派在教育政策观念上存在着明显的差异。"传统派"认为学校教育是社会经济地位出身较低的儿童向上爬升的机会,"修正主义派"则认为学校的存在反而拉大了现有差距。除此之外,受试者还被要求评估另一派可能会将哪些作品拟定在书目中。

如此,受试者就落入了极端化的陷阱中,两派都过分悲观地评估对方,双方几乎不期待彼此拟定的书目存在相似度。然而事实表明,两派所选的作品存在着极大的一致性。尽管在政治观上有分歧,两组教师却普遍认为,一些古典作品,如莎士比亚的《麦克白》和弗吉尼亚·伍尔夫的《达洛维夫人》都是不可缺少的课程教材。换句话说,教师们相信双方价值观的差异性比实质差异要大得多。

类似的情形在日常生活中随处可见。我们一旦掉入极端化的陷阱,即便自己和他人之间的鸿沟压根儿不像想象中那样深,还是会觉得它难以逾越。至今不曾戒食狗肉的人,想必也和保护小动物没有一点儿关系;把小孩送到寄宿制幼儿园的人,八成周末不会投身于公益事务中,所以就没必要询问他们是否愿意参与。就算我们尝试对话,也不一定能改善情况,拉近彼此的距离;相反,如果我们当真把自己的实际立场以更极端化的形式呈现出来,说不定反而把鸿沟挖得越来越深。

极端化的形成

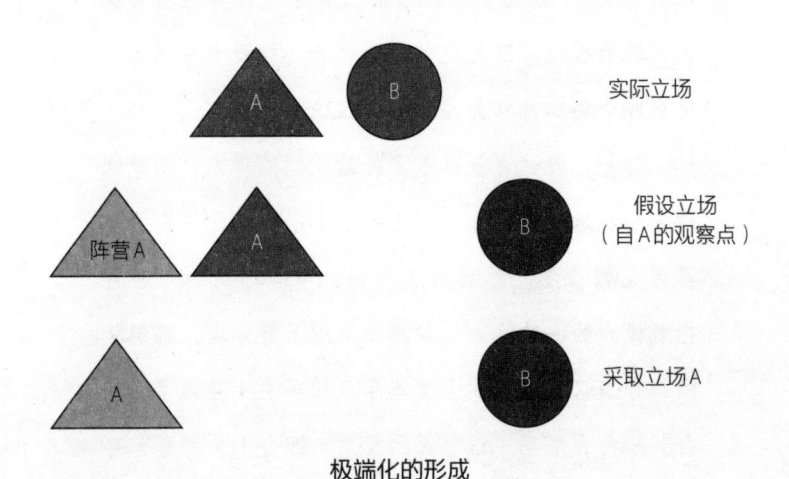

图片采自普洛宁、普奇欧和罗斯的研究结果。

学者普洛宁、普奇欧和罗斯通过以下机制解释了这种现象:人们原本各自的看法并没有太大的差距,但我们对他人的揣摩之间却存在着过大的差距——我们把对方和自己的距离看得大于实际距离。我们不仅过分夸大自己和对方的距离,甚至在估计我方阵营的立场时也比本人的实际立场更加极端,所以和对方阵营的距离就变得远隔千里。尽管我们处于较中间的位置,把自己看作所属阵营中的温和派,但在公开场合仍旧持较为激进的论调,毕竟我们必须积极团结以对抗对方阵营的错误见解,于是自己的实际立场(图示最上方)在公开辩论中就会变得相当极端(图示最下方),两大阵营间的鸿沟也就显得比实际情况还要深,还要广。

多数冲突与争执根本不可能达成和解,因为它们最初就是以错误的假设为基础的;派系间的观念实际上相差并不大,只是误以为彼此的分歧严重到了南辕北辙的程度罢了。正是因为这样错误的假设,我们在下一步就会顺理成章地更加强化并证明这一(错误的)认知:仅仅因为盲目地觉得对方的意见会和自己的意愿背道而驰就产生了防备之心。为了强硬地表达某个立场,彻底忽视对方的合理论据,也一改面对志同道合者时所持的允许对方轻松发表自己观点的态度。相比真实的自己,我们的表现要激进得多;对方也是如此,所以双方原本可以达成和解,最终却变得水火不容。

由此也可以衍生出以下矛盾效应:不仅普通的冲突反制措施("圆桌谈判",大家面对面坐下,先坦诚交换彼此的意见)屡屡无效,甚至引发了更加尖锐的冲突,就如同本章开头罗伦

105

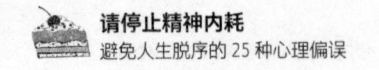

在公司的经历一样。

尤其当"圆桌会议"受到公开注意时,自然会加剧效应的影响。如果各派的目的在于说服社会大众,使之赞同自己的观点,他们就更不可能互相让步,承认对方的论点有理有据了。相比大家以朋友身份谈判的闭门会议,这时可以说无所不用其极,进而导致自己极端化。

现在的问题是,究竟有没有走出极端化陷阱的出路?或者通过交换意见尝试将双方的距离拉近,就一定会出现相反的效果吗?

首先,倘若讨论会的目的是彻底交换意见并希望拉近彼此的距离,那么就应当避免公开。除此之外,依据学者普奇欧和罗斯的研究结果,提前做好准备,一一列出对方阵营中最有力的论据,有助于真实地评估双方的差异和共同点,这是一个既简单又有效的方法。由此可见,要想营造合作的氛围,需要准备得更加充分,并实际分析讨论对方的论点。

同理,以上方法也适用于解决家庭纷争,也可以用来尝试性地解决工作问题。就算谈判完全不受形式约束,这种方法也一样有效。和恋人、兄弟姊妹或老板谈判敏感话题前,提前思考一下"我能多了解对方什么",直接在脑海里模拟对方最有力的观点,就可以使我们避免落入极端化陷阱,也不会把彼此之间的鸿沟越挖越深。

第3部
PART 03

迈向幸福和自我实现之路的心理陷阱

第14章 "只要相信你自己"的陷阱
——我们总是把最后一分力气浪费在遥不可及的目标上

不久前,笔者在女性杂志《情绪》上读到一篇关于"正面思考2.0"(Positive denken 2.0)的主题报道。一名女子就新职位征求闺密们的意见,不过她并不打算接受公司给她的这个企划案主持人的职务,因为她认为目前的自己还无法胜任这份工作。闺密一听大为惊讶,她怎么可以任由大好机会从手中白白溜走?于是她们马上为她献上一计:"你必须相信自己!"

文章的作者雅慕特·西格特由此引出观点:人可以单靠正确的价值观掌控他的人生。现在这个观点好像非常火,而诸如命运、界限、厄运与偶然等观点则已经过时了。它表明,只要你的意志坚定，一切都是可能的。

这个故事道出了当前的时代精神是典型的"只要相信你自己"的信条。只要没达到目标就是意志不够坚定，表明"或许你并不是真的想要"，或者表明"你不认为这很重要"，等等。

现代人几乎已经不允许自己务实思考。如果不将一切视为可能，那么达不到目标就是自己的错。凭着无论如何也要行得通的念头，懵懵懂懂地草率创业，反而赢得身旁众人兴奋的鼓励的掌声。这样的人被视为在热情与信念的带领下走向成功的最佳典范。

典型的"洗碗工摇身一变成为百万富翁"的故事，凭的是一个美丽与浪漫的想象。朋友圈疯传着某同学的成功故事：就凭着一个简单的App创意，如今他衣食无忧。媒体报道某些演员和音乐家从贫民窟的街头流浪儿变成超级巨星，凭的就是坚信自己。名人传记和其他记录人生的书，大多讲述着美丽而激励人心的奋斗故事，是由热情加雄心抱负、努力与必达目标的意志组合而成的。这些有幸被公开的都是成功的故事，然而其他许许多多凭着坚强的意志、付出一切努力，却永远无法到达成功之岸的故事却常常被忽略。尽管很多人不乏成功的信念，但他们创业的结果只是堆积如山的债务和满腔的沮丧绝望。而这些或许占统计数字的绝大部分的案例，却鲜为人知。

由此可知，乐观的基本信念也可能成为"只要相信你自己"的陷阱。我们被困在一个由相信正确的价值观迟早会将人引向成功的观念打造的囚笼里，除了再接再厉，别无他法。类似于加码投资同一只股票的错误（参阅第23章），我们从不曾质疑其中的做法和途径，却将一切失败推到用力不足上，倘若如此成功还不曾降临，则说明我们还不够相信自己。

"只要相信你自己"的陷阱，同时还隐藏着一些危险：我们把全部资金都押在一张牌上，专注于唯一的目标；投资越多，风险越高。因为一旦投入过多的精力、时间与金钱，当我们必须承认一切投资都化为泡影，再多的投入也不可能达成目标时，我们就会濒临崩溃，这就是所谓的沉没成本效应。

"只要相信你自己"的陷阱里埋伏着的最严重的危机，就是职业选择或找到人生的奋斗目标。毕竟单纯从时间的角度来看，职业选择决定了人生绝大部分的面貌。

主张内在自我的人，会在内在自我的影响下，一味地追求将人生奉献给音乐，实在是"脑袋有问题"。这是杜伯里在《生活的艺术》一书中针对使命感的压迫得出的毁灭性的结论。杜伯里警告人们，不要持"我别无选择"的想法，好像一旦选择做某件特定的事情，就认定是选择了上天的使命。

心理学家阿尤沙·诺伊包尔也对以热情为导向的职业选择

观念持怀疑态度，因为在他看来，实际上，决定事业成功与否的关键是能力大于兴趣。一个人对某种事物兴趣盎然，并不代表他在这方面的能力是否一定特别强。当然这并不代表我们就应该选择毫无兴趣的工作，只是要在选择时谨慎对待，避免仅凭兴趣和自我信心做出选择后，理所当然地认为余下的事情自然会水到渠成。

倘若其他条件不对，就算是拥有绝对的热情和坚定的意志，最终也只是一场空。相反，假如我们从自认的使命上反复得到的是失败，那么最原始的热情也终有消失的一天。到头来，就会连自己的爱好——音乐也无法安慰自己。为了避免发生此类情形，不如把热情当成爱好，为了生活选择一个尽管少了点儿刺激，但却不至于让人灰心丧气的工作。嘉迪安教练从自己的无数心理咨询案例中得出如下结论："人的确可以一直努力到精疲力竭，但是不应该这样做。"

那么到底应该怎样做呢？倘若信念与热情不能帮助我们找到幸福，怎么办？这时，你就要知道世界上没有百分之百的幸福的保证，却有百分之百的不幸——如果我们执意将职业视为绝对的人生使命与唯一的选择。这种强大的压力会让人在开始的时候充满希望，树立寻找真实的使命的信念，但到最后却变成痛苦的折磨。就算相信自己找到了使命，且心怀成功就在前方的顽强意志，也会因为人生而感到失望，这真是一桩伤害性极大的赔本交易。

　　此外，一味地从事自认为得心应手的事，也不容易成功；因为一般来说，我们并不一定能准确地洞悉自身的能力。对此，请他人评价你的能力是一个好方法，或许别人会给你一个出乎意料的答案，你会由此产生一个新的想法，找到一个新的成长空间，并在它们的引领下，迈向真正的成功。说不定那些让我们富有使命感的事物，比如改善世界、写作、演艺、创意等，如果与个人的强项与能力巧妙地结合起来，就会开花结果。或者将辛苦与压力彻底抛开，干脆把梦想当成兴趣和爱好，没准儿往后会有什么好的发展呢……（做做梦总是可以的吧）

第15章　客观价值陷阱

——炫目的数字阻止我们选择最开心的享受

倘若你现在一定要在两个任务之间做出选择：一个任务需要花费6分钟，你可以得到60分；另一个任务需要花费7分钟，你可以得到100分。你可以凭获得的分数兑换一个哈根达斯冰淇凌球，50～99分可以兑换一个香草口味的；100分以上可以兑换一个开心果口味的。那么，你想花费7分钟用100分兑换一个开心果球，还是选择花费6分钟，用60分兑换一个香草冰淇凌球？

参与行为科学家克里斯托弗·施的此项研究的受试者，绝大多数选择花费7分钟兑换开心果球的任务——尽管事后经过进一步调查，这些人实际上更喜爱香草口味的。为什么人们要投入较多的时间去换取较少的乐趣呢？

很明显，受试者被分数误导了。100分可以让人产生"划算"的想法，相比花费6分钟得到60分，花费7分钟得到100分，会让人拥有较高的分数效率比；然而多出来的分数并不能为个人带来益处这一事实（因为得到的冰淇凌并不是自己喜欢的口味），却被我们忽视了。

施的研究结果提示我们，这样的现象并不仅限于冰淇凌的口味选择上，还在其他各种事物上表现出来，比如音乐CD。它的基本原则一成不变，受试者以付出时间的比例进行计算，最终选择可以带来较多的分数。即使相比芭芭拉·史翠珊（90分）的音乐，他们更偏爱披头士乐队（50分）的音乐，但他们还是选择了前者。此时，客观上认为划算的交易的观念，也会诱导人们做出最后无法带来乐趣的选择，最终落入所谓的客观价值陷阱。

数字常常令人盲目。它传达了一种客观性观念，无论最终其背后隐藏的是什么，都能让人产生较大的数字可以换取较好的事物的幻觉。相同的现象也在"特价"这一名称上表现出来，它迫使我们产生了接受特价交易的感觉：接受交易就可以省钱，以同等的价钱就可以得到性价比较高的东西。一件从150欧元打折到60欧元的大衣，绝对比原价60欧元的大衣更具有吸引力。极富异国风味的番石榴果汁促销价 1.49 欧元（原价 2.09 欧元），我们会非常乐意尝试，最后却发现就算是本地普通的柳橙汁也比这好喝多了，而且才 1.39 欧元；如果不是贴了特价标签，我们根本不会去买番石榴果汁。

依据这些所谓的客观数据，我们只关注怎样进行最有利的交易，却忘记了自己将得到什么，忘记了让自己获得最大的享受的是什么。数字扰乱了我们的思考；倘若将数字抛开，我们就会重新获得一个让自己思考内心原本愿望的空间，这一结果也在克里斯托弗·施的冰淇凌变化研究中表现出来。这次的研究没有分数，受试者仅需要在 6 分钟任务/一个香草冰淇凌球，或者 7 分钟任务/一个开心果球的奖赏之间做出选择。结果大部分受试者忽然决定选择 6 分钟的香草冰淇凌球。花费较少的时间换取最爱的口味，这是真正值得进行的交易！

不过请小心，人生中的数字并非全都毫无意义。在相当多的情形下，较大的数字的确代表着较好的质量或较高的效率。然而，各种无法用数字来量化的质量概念一旦勉强用数字来表现，那么就显得愚蠢荒唐了，比如个人的音乐品位。客观价值陷阱是外行人的一种理性主义（参阅第 19 章）形式——人们努力做出最理性的决定，却把注意力集中于不重要的方面，所以这个决定于个人而言，就变得荒谬至极、毫无理性可言。

不仅是错误的冰淇凌或果汁口味，客观价值陷阱还会促使我们做出后患无穷的致命抉择，比如理财投资，数字同样会令人双眼迷惑。完全不清楚情况的银行客户在咨询专员抛出的经济景气预测与指数的轰炸面前，尽管根本不明白它们的含义，但却从数字中获得了实际上并不存在的信赖感与安全感；正是因为数字赋予人们的这种美好的感觉，于是客户认为自己做出了最理性的决定。尽管数字和预测是那么令人惊艳，但理财投资的结果也可能是血本无归，而这却不在我们的想象之中。

诚如古根布尔在其《被遗忘的智慧》一书中所说，"言语文字具有多重意义，可以为人们释疑；相反，数字却会诱导人们相信事实"，并认为计算与衡量是可以让怀疑者心服口服，让敌人哑口无言的好方法。遗憾的是，一旦把任何可以计量的事物和明智与理性进行联想，人就极易误入歧途，毕竟并不是每一个第一眼看起来理性的事物就是真正的"理智"。

诚然，并非每个决定都可以像香草或开心果冰淇凌那般，让人轻轻松松地凭感觉或心情做出选择。尤其是面对具有较长远影响的重大决策时，人们会产生以理性为决策基础的心理需求，这是人之常情。因为要做出最明智的抉择，必须精打细算。分条列出赞成与反对（优缺点）或成本效益分析是一个能让人做出相对稳妥的决定的方法，且相当受人们欢迎。不过就算如此，这个方法仍然表明，做决定并非容易之事——究竟应该用哪些标准来衡量？如何制订各种不同观点的比重？每天宁愿选择一条较远的路去搭地铁，还是冒险穿过一条车水马龙的近路？如何计算一场婚礼的总花费？只算确定成本，还是将可能离婚的开支一起算进去？效益是什么？……

不过，这类成本效益分析最大的好处，就是让我们突然之间明白内心真正想要的事物——当我们在获得的信息引领下前往某个方向的时候，内心却感觉一定要从反方向多获得一个赞成理由，这时我们就清楚了自己真正的愿望。心理学家尼斯贝特也发现，即使一个错误连连的成本效益分析，有时也能在我们的眼前呈现出正确的选择。

本章结束前的贴心提醒：面对数字，要持健康的怀疑态度；探究数字背后的真正意义，以及数字的价值是否符合你的个人偏好。否则，就在自己专属的数字前，创造自己的幸运指数吧！阳台，7.5分；附近有最爱的面包店，3.5分；绿意盎然的视野，6.0分。刹那之间，你就获得了一栋梦想中的公寓。这就是最理性的决定。

第16章　理想化陷阱

——为什么我们总是习惯美化陌生的人或事物

苏珊娜既兴奋又激动，因为今晚她终于可以见到那个在网络交友平台上认识的出色的男人，一个名副其实的梦中情人。她几乎要等不及了，恨不得立刻和他见面。"明天早上我再跟你从头细说！"下班时，她欢欣雀跃地回答着同事的询问。

然而，次日上午清醒过后，她却没向同事诉说。实际上，那个男人压根儿就不是苏珊娜喜欢的类型，不知道为什么，他和她的想象简直判若两人。

苏珊娜的经历并非特例。如果我们对某个人仅拥有片段零碎的信息，那么在某种程度上注定会失望，因为我们会不由自主地对未知的人或事物加以美化。令人遗憾的是，对某人的认识越深，在某种程度上代表着对他的好感越少，原因是我们会发现对方身上有太多我们意想不到的阴暗面。学者麦克·诺顿、吉娜·弗洛斯特和丹·艾瑞利的研究表明，此类现象的发生率在首次约会后特别高。一群经由网络交友平台认识的男女，在首次约会前后接受问卷调查时，正如事前预料的一样，对对方的了解在约会后增加了，而彼此之间的好感与似曾相识的感觉却减少了。

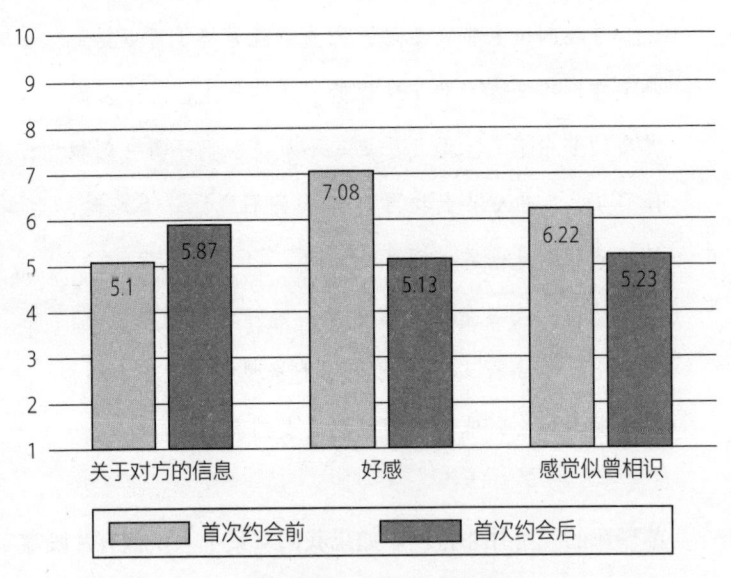

	首次约会前	首次约会后
关于对方的信息	5.1	5.87
好感	7.08	5.13
感觉似曾相识	6.22	5.23

首次约会前后对对方的评估

结果资料来源：诺顿、弗洛斯特与艾瑞利。

该结果似乎表明，信息匮乏以及和对方相处的经验不足，会增加对对方的好感，因为我们对尚未了解的人或事物会依据个人喜好加以理想化。然而在实际相见的那一刻，对对方的美好想象必然会导致失望，这就是所谓的理想化陷阱。此类现象不仅发生在选择伴侣上，也会出现在其他场合对事物的判断上，比如薪资待遇。心理学家艾瑞利认为，这就是为什么公司给印象粗浅的外来"空降兵"的薪资，一般会高于多年的老员工和管理人员，跳槽加薪的幅度也比内部升迁调薪高的原因。只要我们对某人缺乏了解，就会以过度乐观的方式来弥补这些信息的缺失，进而高估对方的潜能。

此外，我们还普遍喜欢凭个人的想象力对未知的事物和未来加以美化，比如旅行团主办人对某度假地或饭店的含糊说明，也可能引发我们的过度憧憬。

研究：产品评价的理想化倾向

针对新产品创意的理想化倾向，笔者与同事克里斯托弗·拉克斯进行了一项调查研究。在基本研究架构不变的前提下，我们向受试者展示了一项新产品的创意，了解他们对新产品的评价，比如产品的整体创意、销售潜力评估以及本人的购买意愿等。

为了测试理想化倾向的影响力，我们故意在产品创意方面的详细程度上做了不同的调整。一组受试者仅获得一份文字叙述，没有获得产品外观的详细信息；另一组受试者则通过影片、系列照片故事或样品来认识产品。我们的推测是，产品展示得越详细，就越缺少美化它的模糊空间。不出所料，受试者的评价表明，产品展示越含糊，受试者对产品的评价越高。

这种现象可能带来的危险影响：严重偏差的结果会让产品创意开发人获得错误的安全感，影响正面的需求评估。因为受试者依照自己的想象对未知事物进行了过分的美化，使得开发人员根本无法判断真正的市场成功率。想象中精美绝伦的事物一旦以真面目呈现在眼前，或许就不再令人感觉惊艳或陶醉了，就像苏珊娜和那位来自网络平台的梦幻王子的案例一样。

我们可以从理想化的陷阱中学到什么人生智慧？不论正面或负面，人都避免不了对人或事物做出错得离谱的评价，因为大多数时候人们无法获得充足的信息；我们永远无法全面认识一个人；无论对一家饭店进行多么彻底的网络评价及口碑的调查，还是要等实际去过之后，才清楚自己是否喜欢它。

为了避免失望，我们可以试着记住基础信息中容易存在的疏漏，特别是在做出重大决定的时候。这样一来，我们就能理性地思考，明确哪些是已经确定的，哪些只是推测，进而做出批判性的叩问：我真的如此相信，或者我愿意这么相信吗？即便这样做起来很困难，但还是建议大家尝试排除理想化的部分，余下的才是真实的信息，然后再衡量这仅有的真实信息是否仍旧可以说服自己。

话又说回来，美化的倾向也是具有积极意义的，因为信息漏洞可以为我们提供发挥创意的空间。比如你的工作性质决定了需要拉拢客户，使之对自己专门设计的方案感到满意，此时你不妨利用他人的理想化倾向，配合客户的想象让方案一步一步塑造成形。把你个人已经相当确定的看法部分清楚地展示出来，再利用信息漏洞作为发挥创意的出发点。这是一种概念延伸，当你对自己选择的颜色有百分之百的信心时，你应该明确表明自己的立场；当你还摇摆不定，无法选择时，不妨干脆选择同意或拒绝。当你陪同客户旅行时，你可以在交谈时选择双方共同持有的最恰当的立场或观点。也许你会惊讶地发现，当对方将其创意投射于你的信息漏洞上时，会产生你根本想象不到的神奇效果。

第 17 章　外在评价的陷阱

——我们心甘情愿受人摆布

做完最后的修饰，这张照片就可以上传到 Instagram（照片墙）了。照片中娜塔莉神采奕奕，在晨曦中眺望着重重山峦。这样的画面，绝对可以获得一大堆赞美。谁知，几乎没人关注她的郊游照；反倒是一个朋友的保护蜜蜂运动引来大量的支持与点赞。男友看到娜塔莉满脸的失落，实在想不明白她为什么会这样："你还想要什么？在山上度过了美好的一天，亲身体验了照片上看到的一切，别人有没有在 Instagram 上点赞，有关系吗？"

很显然，娜塔莉和男友的观点截然不同。男友用自我感觉来衡量事物，于他而言，内在评价才重要；相反，娜塔莉将一切希望都放在他人的评价上，认为外在评价才是关键。因此，她真的很失落——费尽千辛万苦、连踢带蹬地爬到山顶都是徒劳的；早知道没有点赞，她还不如省下这趟自行车之旅。

内在评分卡 VS 外在评分卡

杜伯里在《生活的艺术》一书中把这两种不同的评价观点称为"内在评分卡VS外在评分卡"：我如何评价自己或外界如何评价我？二者相比，哪一个比较重要呢？基于不同的评分方式，我们会提出不同的问题，这些问题也决定了我们对自己是否满意。以内在评分卡来评价自己的人，首先一定要对自己所做的事感到满意；以外在评分卡为导向的人，对自己的满意度则仰赖于他人的肯定。

内在和外在这两种评价标准，究竟哪一个比较容易达到，当然要看周围的环境和自我要求。不过，最先产生影响的肯定是内在评价，人们通常会根据它来选择自己认为值得的事情去做。至于他人的想法，我们可以产生的影响是非常有限的。就算你平时得到了他人的肯定与喜爱，也可能会有无数原因导致你偶尔被忽视；无论你如何努力也无法避免自己陷入外在评价的陷阱。就像娜塔莉，在拯救蜜蜂运动面前，她用尽全力获得的体育成果顿时黯然失色，于是原本精彩丰富的自行车之旅在她看来竟变得毫无价值。

最难处理这个问题的是自我价值感低的人，他们在心理上特别依赖来自外部的正面评价，因此会过分关注他人的回应。笔者在慕尼黑大学的学生劳拉·安德斯在其硕士论文中，以Instagram社交平台上的人们为研究对象，发现自我价值感低的用户特别在意关注者的回应。只要关注者能定期给其点赞、给予其肯定，就天下太平；一旦少了赞，像娜塔莉这类自我价值感低的人，就会认为天塌下来了。他们原本已经摇摆不定的自信心，这时会持续下滑，为此他们会拼尽全力博得他人的认可。

公开乞求他人的肯定与承认，却偏偏得不到。关于这一点，想必你依据个人经验也会发现——人们大多不吝于给他人一个由衷的赞美或称颂，可是面对赞美予取予求、分明已上瘾的朋友，给出赞美时就会心不甘情不愿了。所以，外在评价的陷阱经常令原本渴望获得的认可消失不见。

另一个危害是，这些人会逐渐丧失自我评价的能力。一向只关注别人如何评价自己的人，总有一天再也说不出自己是否真的喜欢。比如，我觉得这个聚会气氛很好吗？我有没有享受这趟清幽自在的自行车游？假如不能在山顶上拍照，我还会奋力爬上山顶吗？

一定要等他人给出评分后，才能判定某一时刻是否美丽难忘，这样缺乏自我感觉的人生难道不是很机械、很悲哀吗？

杜伯里认为强烈倾向于外在评价是人类进化的产物，因为从前他人的评价的确起到相当重要的作用，它是人们尽一切努力促使同伴与之合作，免遭群体排挤的产物。他还强调，虽然这一重要性到现在已经降低，不过我们对名誉与声望变化的情绪反应，仍旧停留于石器时代的模式。考虑到对心理健康的影响，这种个人情绪强烈受他人评价的石器时代模式，如今已经普遍不被提倡，因为随着网络的发展，自我暴露的机会大大增加，我们暴露在他人负面评价下的风险可谓无所不在。社群网络充满了不幸的陷阱，笔者及乌里希联合撰写的《数字忧郁症》一书中对此有专门的探讨。

网络社群的不幸陷阱

幸福研究的结果表明，社群网站的确会令人心生不快——不按照自己的标准生活，一门心思地和他人攀比；不去了解幸福是无法计算的，总在计算好友、点赞和关注者的数量；不珍惜生活中小而美的片刻,一味地公开分享极其夸张的照片与经历,处心积虑地成为他人关注的焦点;不愿意重温那些历久不衰的事物,却倾其所有地去体验五彩缤纷的新鲜事物;不重视个人的独特性与知足感,反而去追求完美强迫症……由此,脸书等社交媒体也变成个人幸福及全球表面上"最幸福"人生评比的制式刻板模型。这是一场注定失败的战斗。

就算有人客观上过着顺遂优渥的生活,在数字的表象世界中和他人互相攀比,仍显得悲惨贫困,因为网络上见到的,并不是具有代表性的人生,而是精挑细选和美化后的代表。

就像学者葛瑞丝·周和尼可拉斯·艾吉得出的结论:浏览一次脸书,自我价值感马上就下降的情形并不意外。与此同时,对脸书好友的实际认知越差,相对来说也就越无法推测隐藏在其背后的实际情况,自我价值感下降的情况就更加强烈。于是我们当下的印象就会被固化:其他人好像运气总是比我好,总是拥有比我幸福的人生。

怎么办呢?怎样才能捍卫自己的幸福,避开外在评价的陷阱呢?

我们不必完全忽视他人，却也无须疯狂地追求他们的认可。些微批判性的检验，就可以给我们极大的帮助：我认为谁的意见最举足轻重？我真的在意网络社交的大众评价吗？或者不如问问自己的知心好友？重点到底是什么？这件事寻求外在评价有意义吗？对事物做出客观评价或做出复杂的决定时，他人的看法的确弥足珍贵，比如踏出职业生涯的重要一步之前，先征求友人的意见；或者当一个自认为正面的发展却不能获得他人的认可时，不妨问问自己原因何在。另一方面，也有众多事物仅仅涉及个人品位、好恶，以及一些仅能自己享受的东西。

无论我的晨跑快照是否得到赞或笑脸，他人都无法贴近那一瞬间拥有的幸福感，无法感受那股春天脚步迫近的气息，无法找到能量在漫长的严冬之后重新回流的感觉，以及静静观察小松鼠的喜悦。既然刚才的体验，是他人无法赞赏评价的，那么就干脆将有些事情留给自己，学着自得其乐吧。

第18章 后悔最小化的偏见

——害怕后悔阻碍我们迈向幸福之路

你也属于那些把太多的时间浪费在机场的人吗？大多数乘客计划其到达机场的时间都比起飞时间早很多，理由是担心遇到意外：万一错过飞机怎么办？毕竟各种突发状况都可能发生：等待安全检查的时间意外地拉长，因为登机门更改导致登机距离变远。即使前往机场都有可能会迟到，倘若接连两班地铁晚点，恐怕就赶不上飞机了，为此后悔自己没搭更早一班地铁……一味地想象这样的情景就让人紧张得直冒汗。

这种恐惧让你在下次搭乘飞机时，又一次空等3个小时，好在机场有的是琳琅满目的美食，可以甜蜜地打发无聊的时光。

心理学研究发现，此类行为模式不仅出现在乘飞机旅行时，人们在任何时候都习惯于设想意外和不幸发生的可能性，设想自己后悔没有提前做好预防措施。为努力避免痛苦自责，人们经常付出极高的代价。因为害怕后悔，于是人们尽全力防止这种心痛的感觉发生，甚至几乎不去思考，如果把这个为阻止不幸而付出的代价和真正发生不幸的后果相比较，是否合乎科学性原则。这就是所谓后悔最小化的偏见(又叫降低后悔概率之扭曲)。

后悔最小化的思考陷阱在于，采取一切措施来避免后悔，却忽略了为此付出的成本代价。考虑问题的焦点完全放在自我设想的后悔上，以至于忽视了这种不幸的实际损害程度的大小。当然，对保险推销员或机场的昂贵咖啡店来说，这真是再好不过的消息了。

当然也有绝对必要的保险，尤其是为那些一旦发生便足以毁掉人生的风险提供保障。想避开任何风险的人，对那些发生率极低以及个人财务可以负担的不幸损失，也愿意付出更多的代价。这个道理也适用于付出时间代价——因害怕约会迟到，总是提前20分钟到达会面地点的人，把人生的众多时间都浪费在等待上；投入无数个小时的时间，就为了绝对不惹朋友生气。

追根究底，这就是权衡的问题——孰轻孰重？几个小时的等待，或是一个暴跳如雷的朋友？几个小时的等待，或是一班错过的飞机？关键要看这个人对悔恨情绪的感受程度如何，认为多大的代价值得避免这种痛苦。

害怕后悔是理性还是非理性？

害怕后悔究竟是理性还是非理性，这个问题的确难以回答。学者道尔·米勒和布莱恩·泰勒认为，问题的关键在于这个人是以利益及经济成本作为考虑重点，还是以个人的情绪满意度作为考虑重点。从经济学的角度来看，或许把能用来赚钱或处理其他重要事务的宝贵时间浪费在机场候机楼的行为，是相当"愚蠢"的，不过从个人满意度最大化的心理学角度来看，如果仅仅因为迟到几分钟就错过了班机，导致"早知如此，何必当初"的念头，造成心理上极大的痛苦，那就不如在机场枯等2小时。

除此之外，体育及其他比赛也能依据惧怕悔恨的程度不同采取不一样的策略。米勒和泰勒以网球比赛为例，假设出现双发失误造成对手得分的遗憾大于因强力发球得分所获的快乐，那么第二次发球温和些、降低后悔风险,就是理性的做法。至于避免悔恨的努力是否合情合理,则因为不同的人对遗憾的感觉不同而不同,正所谓如人饮水,冷暖自知,最终的判断者只能是自己。

那么,后悔最小化的偏见对我们的生活会造成什么影响呢?是否应该把一切小心谨慎都抛之脑后,笃定一切都会顺利成功呢?心存万一失败的念头,并为了避免可能造成的伤害,采取某种程度的应对措施,的确很有必要;不过,过度恐惧后悔,也会让人裹足不前。倘若落入后悔最小化的陷阱,终生忙于避免各种意外的发生,就会一事无成,因为这些努力可能会招致失败。

如果骑自行车去郊游,可能会下雨,另一半恐怕会骂我:为什么想出这么一个馊主意,硬拉我一块儿去淋雨?但换个角度想,说不定这会是一趟令人回味无穷的美好之旅。一味地只想避开遗憾和风险的人,也会将众多机会拒之门外,甚至是事业机会。面对一项新挑战,如果脑海中最先出现的都是各种失败风险以及自己出丑的画面,这些人自然会对是否应该勇敢地攀爬职业生涯的阶梯感到犹豫不决。

反之,当人们总是害怕不能善加把握机会而徒留遗憾时,恐惧后悔也会导致完全相反的结果。心理学家海克·恩斯特把这种现象称为"塑造传记履历压力"。在当今时代，个人成长、尽量发挥自我潜能与天分成为思想文化的主流，人们因此迅速陷入巨大的压力之中，唯恐错过任何美化自己生平履历的机会。为了保险起见，为了不想后悔没有及时把握，我们要抓住一切机会。

恩斯特认为："我们终其一生都在梦想，希望拥有另一个比现有人生更好、更刺激的人生模式。"如果能尽量把这些幻想当成一种仿佛它已成真的享受，而不是负担，那才是智慧的象征。这的确是一种至高的艺术与赞赏的态度，它让我们无须过于埋怨自己的个人发展。

最后再献给读者一个建议：请对自己宽容一些，不要过分严格，冲破"早知今日事，悔不该当初"的思想枷锁。请告诉自己，没有事后懊悔的人生是不存在的。人生中所有的选择的另一面，都有千百种选择，有人事后极可能认为另一面的选择才是聪明的决定。没人可以在千百种选择中能挑出"最好的"，我们所有的遗憾也并不都是"错误"：人们基于当时的判断做出的选择就是最佳的，如今的情况改变，并不是当初可以预料的。小到生活中选"错"比萨，大到学习上选"错"专业，大家都会做"事后诸葛亮"。既然你没有魔术水晶球，也就没人期待你可以预测未来，永远做正确的事。

结论：防患未然往往也代表着失去另一方面的自由。不要反复追问如何做决定才不会后悔，不妨尝试着训练自己正面看待后悔情绪：不假思索地乱点自认为最特别的冰淇淋口味，事后再忍受痛苦，后悔没尝到其他更让人垂涎三尺的口味。一点一滴地逐步改善你越来越不怕悔恨心痛的耐受力，领悟到这原本就是人生的一部分。

谁知道呢？或许在训练的过程中，你会无意中发现一种好吃的新口味，可以狠狠地享受一次绝对零后悔的滋味。

第19章　外行人的理性主义
——我们因为忽略大局而背叛了幸福

卡劳拉正面临一个艰难的抉择。经过漫长的求职过程，她现在有两个工作机会。应该选择年轻的新创企业吗？她在第一次面谈时就感到轻松自在，尤其喜欢新创企业内部随意的氛围，当时就觉得自己应该是团队的一分子，说不出究竟是什么如此吸引她，好想明天就可以上班。或者是选另一个大集团的职位？虽然那里的人情味较淡，有种隐姓埋名小螺丝钉的感觉，不过终究是大企业，可以提供更多的保障，薪水也较高。

左右为难的卡劳拉饱受折磨，她感觉无论怎么决定，似乎都不对。学企业管理的男朋友贝尼看事情相当实际："你不是为了好心情而挑职位，而是去那里工作的，工作是为了赚钱，当然就选薪水高的职位，其他都是扯淡。"她的闺密珍妮却持相反意见："跟着感觉走！假如你在午休时间只能因为寂寞而窝在走廊哭，那么高薪工作又有什么用？"

卡劳拉感到既困惑又迷惘——选择工作时，到底应该以什么为标准呢？薪水当然很重要，但可亲的同事就不重要了吗？

最后，她跟大集团签了工作合约。尽管内心并不那么舒坦，但她不断地告诉自己这起码是一个理性的决定。家人也纷纷恭喜她，"顶尖的企业，了不起，这还只是你的第一份工作呢！你不会后悔的。"可惜家人错了，半年后卡劳拉就忍无可忍了。她一试再试，但这个工作就是让她感觉不快乐，不得不辞职在家休息一阵子。她需要重新找回自我，了解自己真正想要什么。不过她已经彻底明白了一点：理性的抉择不能使她快乐。

有鉴于卡劳拉的个案，我们不得不问一句：她的决定真的理性吗？或者，选择可以让她获得最大快乐的工作才是理性的吗？长久以来，科学家围绕"人们如何做出使他们幸福快乐的理性决定"不断地进行研究。卡劳拉的决定初看好像是理性的，事后却证明并不理性，因为重要的满意因素没能受到充分的重视。决策研究学者把这种现象称为外行人的理性主义。

强迫自己做正确的事情，避免仓促之间被情绪冲动控制，追求完全理性的行为，这就是外行人的视角。而且这种追求理性逻辑的思考，经常会制造混乱——从某种角度看，特别重要和理性的单一因素一般会被过分重视，而其他对满意度同样具有重要影响的因素却被彻底忽视。听起来或许让人分外尴尬，不过人的经历与体验是极为"非理性"的，最后我们做了决定却无福消受，理性就变得毫无意义。

学者克里斯托弗·施让受试者在两块巧克力之间做出选择：一块是心形巧克力，一块是蟑螂形状的巧克力；心形巧克力较小，代表分量较少。施问受试者，哪一块巧克力能带给他们较大的享受，答案明显是心形巧克力；即便如此，多数受试者仍旧选择了蟑螂形状的巧克力。即使吃巧克力的满足感或许会降低很多，但选择分量多的巧克力好像是（外行的）理性选择。

在日常生活中，我们和上述受试者差不多。我们必须承认，个人的经历与体验是极其复杂的，无法被纯理性论据说服。众多因素在其中扮演着重要角色，甚至那些从外行的理性角度看起来近乎不重要的因素也是如此，比如包装美丽的产品，我们吃起来就格外津津有味。

克里斯托弗·施的另一项研究，是观察人们选择新电视机的过程。受试者可以在两个款式之间做出选择，并填写顾客评价表。评价标准最高100分——音质方面，款式A获得90分，款式B仅得了75分；画质方面，款式B获得90分，款式A则得了85分。因此款式A的总分较高，可以为顾客提供较好的体验。对此，受试者的意见普遍一致，被问到比较愿意购买哪一款电视机时，76%的人选择了款式A。然而如果把问题换个形式询问，只简单地问到购买决定时，情况就会大为改观，至少有45%的人会突然选择款式B。

外行人做决定的关注点往往放在某一个单一的中心标准上，并将其和决策对象的主要功能连在一起，比如电视机的色彩质量或工作职位的薪水高低。其他对整体经验同样重要的周边特质却被忽略了。上述的巧克力效应就是外行人的理性主义的一个普遍原则：硬性的客观标准，比如巧克力的大小与重量的重要性大于软性标准，只要成分相同，巧克力的形状就无所谓了。难道不是这样吗？

然而事实上，软性、主观的因素，比如美丽、喜欢、享受才是决定体验经历的关键，因此这几项也是就整体而言可以称得上好选择的关键。简单地说，我们不理智地忽视了那些自认为非理性的因素，虽然这些因素深深地影响着我们的幸福快乐，我们努力地做了理性的抉择，最终却导致相反的结果。

更疯狂的是，相当多的人并不曾意识到自己是决策专家。我们时时凭冲动与直觉做了自以为适当的抉择，很少为之后悔。此时我们根本没注意到自己正是因为不断做出看似微小却极其恰当的决定，从而得以幸福而愉快地度过人生的每一天，而且正是因为这些决定得当，事后也不会钻牛角尖。不过一旦面临大事，太多的人会不敢相信自己的直觉，变得裹足不前、不知如何是好，认为现在尤其要三思而后行，结果反而把平时特别有效的直觉赶跑了。

没想到，这个被忽略的直觉不久就开始反击。因为哪怕你在做决定的时刻将它压下去，到了体验抉择后果的阶段，它也会冒出来。我们毕竟不是运作简单的机器人，比起身处一个毫无交流的环境，周围如果围绕着一群亲切的同事，就会让自己感觉快乐多了，工作的成绩与效率也会因此得到提高。因此毫不意外，许多职员对工作满意度的评价，都把亲切友善的同事和自在愉悦的职场环境当作最重要的因素；薪资高低反而不再像求职期间那样被放在首位了。

除了权衡各种决策标准轻重的困难之外，还必须加上抉择本身的重要性的难题——应该投入多少时间在决策上？抉择本身的质量必须有多高？力量无穷的理性主义达人需要时间，为的是挖空心思来做出完美的决定，甚至把体验感受也纳入考虑的范围。用20分钟思索与权衡三个不同的定位App，把路线长度、交通拥堵程度、道路施工信息以及道路状况等因素全部纳入考虑范围，为的是帮你找到一条最美、最快捷的去家居城的路线。站在冰淇淋店里15分钟，分析每种口味的享受度、新旧、制作成本等，然后才确认想要的口味，以保证吃到性价比最高的冰淇淋。

只是，耗费这么多时间在一个决定上，不也是非理性的行为吗？如何解决这个问题呢？诺贝尔奖得主赫伯特·赛门提出的满意度法则可以帮助我们。

满意度法则

满意度法则，并不是指应该无止境地改进决定，使之臻于完美，而是达到一个能让我们满意的决定即可。换句话说，满意度法则是指花费的时间与精力应该相对符合决定的重要性。不过，心理学家尼斯贝特在《简单思考！》一书中却提醒我们，这一法则大多不符合消费者的实际行为，比如他们经常为选择一件T恤，花费比买冰箱还多的时间。

我们怎么做才能逃离外行人理性主义的陷阱，做到不仅表面理性，而且能实实在在地做出使自己永远快乐与满意的抉择？

充分考虑一切使个人感到幸福快乐的要素，比如你喜欢心形巧克力远胜于蟑螂形巧克力，就把巧克力的形状也纳入决定标准，这就是理性的；倘若你真的不介意外形，不妨把这一决定标准排除在考虑之外。不过事后可不要抱怨巧克力只吃下一半，因为莫名其妙，胃口倒了一大半。

如果面对长期性的决定，那么就要思考各种可能的衡量标准——这个标准的重要程度会随着时间的长短而改变吗？以后也会像当下这样重要吗？它在日常生活中扮演关键角色的频率有多高？我的适应力又在其中扮演着怎样的角色？

大致说来，人们可以迅速适应诸多新环境。某些在你做决定时几乎被列为无法忍受的标准，日后却根本不会察觉到。一台原本使用方法相当复杂的洗衣机，只要找到窍门，就不再觉得麻烦。相反，一旦迅速习惯新的高薪水平之后，便不会再为荷包变厚而每天雀跃、高高兴兴地去上班了。

反之，有些事物的影响却大致维持不变，每天为我们带来新的困扰（或喜悦）。一个通用的法则就是，不确定性越高、越难以估计的事物，也越难以适应。由此可见，比起一个时而亲切友善，时而拒人千里、情绪反复无常、你完全无法预估、每次接触总让人绷紧神经的同事，你反而比较能忍受一个长期烦躁易怒的同事。恐怕这也是许多人倾向于住在气候稳定的地方，比较能泰然自若地面对生活的原因。

同理，尽量避免受交通影响也能让我们活得更怡然自得。所以心理学家艾瑞利建议，把工作地点的远近当作选择居住地点的重要因素。相当多的人过于忽视上班的距离过长对生活质量的影响，忘记了每天早晨对交通状况的抱怨与怒气、忧心上班是否迟到，对我们是多么沉重的心理负担。

最后，做决定时一定要思考，对决定所产生的后果能事先预测或计划的部分有多少？如果除了企划案A或B的决定以外，你未来的职业生涯还会受到公司太多不可预见的发展的影响，那么为了一个"完美"的决定没完没了地想破头就没多大意义了。干脆舒舒服服地往沙发上一靠，听天由命，把宝贵的心神和精力用在其他事情上吧。

第4部
PART 04

迈向真理和世界认知之路的心理陷阱

第20章　知识的假象
——为什么我们不像自己想的那么聪明

你知道拉链的工作原理吗？大部分人都认为自己知道，一旦请他们解释拉链的原理时，他们才发现自己根本对此一无所知。相同的现象在生活中的其他事情中可谓层出不穷，比如圆珠笔或圆筒锁的工作原理，美国耶鲁大学心理学家列昂尼德·罗森布利特和富兰克·凯尔的研究可以证明这一点。

研究人员请受试者对个人知识进行等级评估。只要受试者无须实际证明所知，自我评估的结果就相当乐观。其实要求受试者解释诸如圆珠笔如何工作的问题，才会使对个人知识评估的结果比较切合实际。

可见人们的实际认知和自以为是的认识之间差距有多大，这就是所谓的知识的假象。但问题的关键并不在于很多人无知,而是他们不清楚自己这么无知。认知学暨心理学专家史蒂芬·斯洛曼在接受德国《今日心理学》杂志专访时表示,看法越偏激的人,基础知识越薄弱。

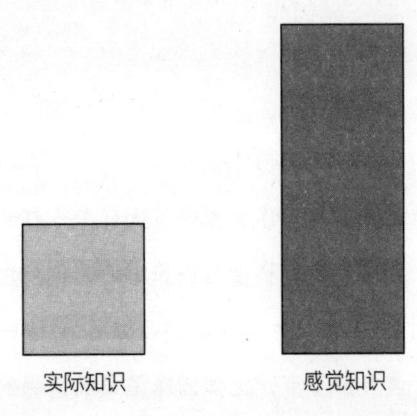

知识的假象:介于实际知识与感觉知识之间的知识落差

依据话题涉及的领域不同,知识假象形成的主要原因也不同,比如我们容易把他人的知识据为己有,把社会专门知识和个人专业知识混为一谈。

斯洛曼在一项研究中对受试者提及了一些所谓的科学新发现,比如"氦雨"。如果受试者被告知,科学界还在揣测这种现象的生成背景,受试者就会在评估自己解释该现象的能力时有所保留。反之,如果受试者被告知科学家已经彻底解开这一现象的谜底，那么受试者也会确信自己可以清楚地说明该现象的形成过程。

只因为他人知道或宣称了解某条信息，就传达给我们一种好像自己也清楚这条信息的感觉，尤其是信息的传递者是广受大众相信的人。我们一般极少再去思考或求证他人传达的信息的准确性，就予以接受并正常过自己的生活了。毕竟自己是不是真的清楚，或者只是相信他人的知识，通常影响不大。

不过，万一每个人都存在这样的想法，那么就会危机四伏：当众人都依赖来自他人的假想知识，最后就没人真正清楚实情了。倘若原本未经证实的假设被当成真理，并被传给了第三个人，假知识就会因此被四处传播。即便毫无恶意或计划性的假新闻，一旦被散布开来，就算我们可以提出最有力的证据，也不容易将其清除，就算能说服少数人，最终也回天乏力。接受并传播假知识的人越多，改正错误假设的难度就越大。

导致这种结果的原因之一就是，错误的主张或论据乍听起来相当合理、富有逻辑性，但是经过进一步思考，问题就会浮现出来。它营造了一种"应该八九不离十"或"好像有其道理"的感觉，以至于我们并不曾独立思考或求证其背后的论点，就理所当然地认为这一主张是正确的。

在最近相当多的存在争论的主题中，我们都可以体会到此类"好像有其道理"的感觉，无论赞成者还是反对者，都发表着激烈的主张；如果细问其理论基础，几乎个个理屈词穷，解释不出来，面对反驳意见时也茫然无措。

衍生悲剧的感觉：政治诉求脉络下的"好像有其道理"

（德国）每天都可以看到各方对政治及社会提出的新要求："我们需要征收二氧化碳税！""开辟妈妈年金！""大众运输全民免费！"积极热心的国民把他们关注的事务全都提出来，或是在街头示威游行、在阳台或窗上张贴广告牌、汽车贴纸，或是在社群媒体上为某篇文章点赞。但公开提出要求的人并不能清楚地说明自己产生这一诉求的原因或表明这一诉求的内容，经常是仅仅感觉好像有道理，就认为可以提出来。

直到对话时才发现，那些要求如此激烈的人甚至还不清楚应该怎样通过诉求工具来得到自己期盼的结果，相当多的问题还有待弄清楚——免费的大众运输真的有利于环保吗？说不定只有行人与单车族会响应这一号召，汽车族为了方便还会继续开他们的车？再或者，我自己会怎么做？我会因为税收上调而放弃污染环境的消费吗？

反向思考——我真的需要征收二氧化碳税才能为环保放弃乘飞机旅行吗？或者我是不是可以马上行动起来？

个人行为和诉求之间也可能存在矛盾，比如某位年轻女性示威者一方面认为二氧化碳税是帮助降低环境污染消费的有效工具，另一方面又声明，自己绝不会放弃乘飞机旅行（即使其成为昂贵的消费），因为她身为世界公民，乘飞机旅行本就是她生活的一部分。如果仔细分析，就连她自己也不相信这项诉求可以改变个人行为，因此我们很难理解，她为什么执意要求采取这项环保措施。或许是因为她感觉"好像有其道理"。

姑且不论单一措施的意义与效果，上述事例已经清楚地表明，情况并不像我们发出激烈诉求时想象的那样清楚明白，甚至复杂得多。几乎没人彻底了解这些措施的实施方法，却一致认为自己是出于正义的目的而走上街头的。从心理学的角度来看，这一举动情有可原——或许一半国民这么做并不是为了具体的政策实施，而是为了表达普遍的立场，为环保、母亲权益等发声；因为赞同正义，于是不曾仔细思考分析就迅速地加入他人的主张或诉求队伍。因为"好像有其道理"的感觉，让自己迷失在这些诉求当中，以至于忽略了最后是否有助于达到最初的目标。发出倡议的团体目标一致地寻求解决问题、保证一劳永逸的灵药，导致原本的期盼发生改变，比如减少环境污染的消费渐渐消失。

这种现象的悲剧性在于，"好像有其道理"感觉的受害者，也容易成为批评者的俘虏。尽管目标是为了谋求一件重要的福利，却由于笨拙的论证和令人质疑的诉求细节，很难赢得他人的支持。

所以，"好像有其道理"的感觉极易误导并阻止我们找到解决问题的有效办法。一项初看好像有道理且显而易见的陈述，经过仔细思考才发现其实并非如此；只可惜，人们大多是在被迫要求说明事实真相后，才开始进行缜密的思考。就算是发表过的言论还可能因为举证不全和矛盾、疏忽而遭人诟病，而这些疏忽一般只有在人们试着将想法进行书面阐述时才会被察觉。

别看同事在开会时摆出一副领导的派头，述说得头头是道、无懈可击，可是当主管要求他下次开会用"一两个幻灯片，最好加上流程图"对"这个引人注目的概念"进行总结时，他的论证弱点就暴露出来，这位同事自己也惊讶万分。脑海中原本充满了环环相扣的理论支撑，可是当我们尝试着将其转化成文字时，才猛然发现这些理论似是而非，这也是写日记的人相当熟悉的一种现象。写日记是一个避免对他人展开愚蠢攻击的好方法：把一切怒气与怨恨记录下来，可以让我们了解自己当时为什么会愤怒，从而消除对他人的深切敌意，避免了不必要的冲突。

由此可知，我们大可以借着频繁地要求对个人信念进行自我阐述，来减少自己陷入难堪窘境的机会——借助于自我对话，我们可以分辨哪些论点不符合逻辑，如果等到他人来肢解分割，那就为时已晚。与此同时，不妨放弃对他人的荒谬指控，以免将来懊悔。为避免散布假知识，我们在继续将假知识传播给他人之前，可以先用批判性的眼光对其加以检视，这也是为社会做贡献了。

如果我们认真观察目前的公开讨论，就可以发现批判性的存疑及精准的论证往往过于薄弱。数字世界极易沦为孕育知识假象的温床，因为有了这个取得假象知识以及交换信息的渠道与方法，可能会加速知识假象的传播。对此，斯洛曼认为网络是一个关键力量。我们可以通过网络轻松地跨越州界、和志同道合者联结，形成所谓的过滤气泡，也就是在网站和论坛圈内只陈述自己的意见，缺少了对背后事实的检验。人们不断滥用形形色色的概念，却没有对这些概念究竟指的是什么、整体运作又如何加以说明。

古根布尔也在他的著作《被遗忘的智慧》中，警告人们把概念与解释互相混淆是很危险的。概念可以安抚人心，"它能减轻我们的负担,传递一种我们能主宰形势"的感觉。同时,我们却忽略了概念时常简单地形容某种事物,而且无法对事物的来龙去脉加以阐述或提出解决的方法。现在,脸书和推特惯用的沟通形式,决定了意见的交换与建立通常只专注于简短新闻、关键标题等,于是这一发展趋势更加严重。

我们迅速把精力投入到发文、点赞与转帖上,使得踏实地对舆论点进行分析和独立思考变得无足轻重。一个充斥着主张、却鲜少解释分析的氛围,也令人快速相信自己的意见才是唯一正确、不可推翻的,自以为可以详细地说明为什么这样想,而不是那样想。然而实际上,这不过是一个假象,我们对这个世界和身边的人的多数看法都不是源于自己的大脑,而是受到他人的影响和诱导。

公共讨论制造独立思考假象并操控人的注意力

我们经常根本不去独立思考,而是盲从于他人的看法。坐在会议室里,处于半梦半醒的迷糊状态……同事们刚才做的决定听上去好像挺合理、合乎逻辑。我们关注的新闻已经不再解释某人为什么是一个残暴的独裁者,媒体也只强调此刻全欧洲一定要团结一致地对抗独裁。我们从未想过事情还可以反转着看,也不再对种种问题加以质疑。

心理学家古根布尔在《被遗忘的智慧》一书中，把这种现象称为自我控制假象。人们确信大脑控制着思想，可是实际上，这些思想往往是在他人的诱导下产生的。并不是自己的大脑，而是外在环境因素决定着我们怎样思考、明确孰轻孰重、关注何种讨论内容。古根布尔以公共讨论建立自我想法及媒体控制某人关注焦点为例，说明"媒体关注哪些讨论话题决定了我们的思考内容，也决定了引起人们激动和恐惧的事物"。

古根布尔还认为，公众讨论常常无法传达信息和知识，反而极易唤起人们的亢奋需求和刻意营造道德情绪。真正具有批判性的重大话题，像欧洲多国在下一个世纪会债台高筑一类的话题，因为过于复杂，反而退居次要地位，很少被严肃看待。相反，政治人物逃税漏税等新闻，或者最新政治事件的术语、概念等次要话题，更容易让身为媒体消费者的我们产生比别人高尚的道德快感，于是我们的注意力经常被这样的内容吸引，以使自己产生鹤立鸡群的感觉。极具讽刺意味的是，最能吸引大众目光的几乎都是次要话题。而众人一定会持的观点或立场也大多由公众讨论决定。

当然，如果能齐聚一堂齐心痛骂不必要的塑料吸管，或者共同支持拯救黑鹳鸟的行动,就大快人心了。这是一种集体沸腾的氛围,大家意见一致最能凝聚大众的团结意识,只是这些辩论大多和独立思考没有任何关系。

所以独立思考的幻想导致相当多的人仅能重复他人的观点,可是他人知道的也不比我们多。他们只为知识的假象添加了额外的材料,同时产生了另一种附带效应:对自我知识极限的未知,这就是以发明学者丹宁和贾斯汀·克鲁格的名字命名的"丹宁-克鲁格效应"。

丹宁-克鲁格效应

人们很少有能力发现自我知识的不足与极限,这是丹宁和克鲁格以大量研究为基础得到的结论。丹宁将不同类型的已知与未知从基础上加以区别——

- 已知的已知:一个人拥有的知识,他自己最清楚。
- 已知的未知:一个人不具备的知识,他自己最清楚。
- 未知的未知:一个人没有的知识,他并不曾意识到。

丹宁-克鲁格效应指的是最后一类"未知的未知"。每个人都有此类未意识到的知识漏洞,如果我们对某个领域认识不足，自然无从得知哪些是可以取得的相关知识，也就不清楚未知的范围有多大。这也使得我们在和他人比较时，难以正确地评估自我。

虽然一位业余摄影家自知和职业摄影家相比，自己无论是专业和能力都相差很大，不过他仍旧可能小瞧了这种差异之大。毕竟他不清楚摄影艺术的知识领域有多么宽广，也无法想象自己在整体排名的位置里是多么靠后，自我评估和现实落差或许相距特别远。

最严重的自我评估错误，莫过于对自我知识评估的普遍性偏差。尤为严重的是，不仅极度无知的人对自我知识的评估与他人相比会产生习惯性的严重偏差，就连顶尖专家也不例外。虽然他们可以切合实际地评估自身的知识等级，但对他人知识的评估则存在极大的误差。由于杰出的专业知识已经成为他们本能的一部分，以至于他们渐渐遗忘并不是每个人都拥有这些特殊知识，所以会相对高估他人在此方面的知识水平，于是评估自己和他人的知识之间的差距就会比实际情况小。综上所述，知识水平在中等范围的人比较能做出切合实际的自我评估。

丹宁-克鲁格效应表明，不清楚自己无知的原因相当简单

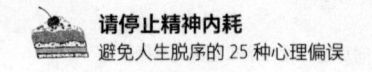

明晰，让我们变聪明所需要的知识，通常就是能让我们发现自己想象错误的知识。

卡尔爷爷因为错误地理解了网络和智能手机的关系，所以不明白为什么去电脑回收站的已删除档案中找不回上次森林散步时"突然消失"的网络：既然可以在这里找回拍坏的照片，为什么不可以找回网络？孙子尼克认为，卡尔爷爷之所以信心满满、认为自己的想法绝对正确，是因为他不明白自己没抓住问题的关键，而根本的原因在于他的科技知识太过贫乏。

我们懂的越多，越能发现某知识领域的复杂性，就越能感到自己的无知。反之，我们知道的越少，就越不会意识到自己的能力有限，就越容易高估自己。

戴维·丹宁列举了不同年龄层的人和职业族群的自我高估案例，比如桥牌玩家、网球选手、实验室技术员、学数学的学生、药剂系大学生或物理学家。第一次考试没过的驾驶员培训班的学生，和已经考取驾照的学生相比，过度高估了教练对其能力的判断。由此可见，对自我知识极限的未知也会危及个人成就。不过，当事人可能会把失败归咎于其他因素，而不是个人知识或能力的缺乏。

实际知识　　　　　　　　感觉知识

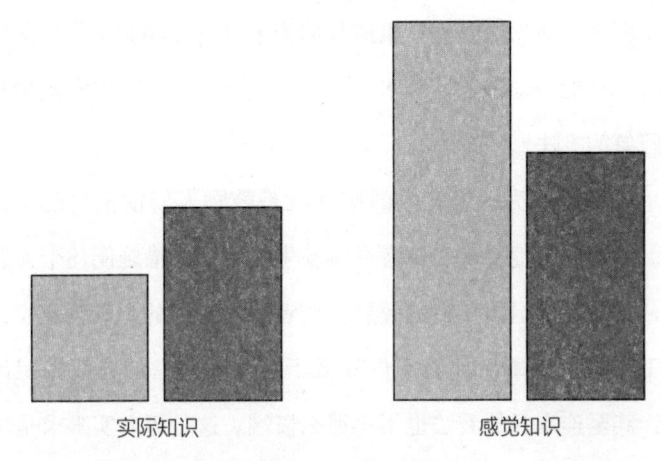

知识程度决定知识假象的规模：笨蛋觉得自己最聪明

除个人成败之外，知识假象和丹宁-克鲁格效应还可能引发无数人与人之间的沟通障碍：如果谈话双方的知识水平存在着巨大的差异，往往会增加清晰思考和逻辑讨论的难度。提出说服力差的论据的人，是因为证明本身谬论所需的必要知识超出了自我知识的水平，以至于他难以发现自己的论据不足。于是当每个人都基于自身知识和内在感受发表意见时，知识浅薄的人就会因为对自我论点的荒谬性欠缺理解力，使得与其讨论的博学者被推向绝望的深渊。因为在他看来，在这个错误的基础上继续讨论是毫无意义的。因此知识假象可能造成无法跨越的鸿沟，进而断绝促进双方互相理解的可能性。

那么应该怎么办呢？难道我们为了进行充满意义与和谐的对话，只能与知识领域和水平相当的人打交道？有没有减少知识假象的方法？

斯洛曼认为，最有效的措施就是鼓励人们谈论自己（认为）的知识。他要求受试者在实验中先就社会措施阐述个人意见，比如降低退休年龄的效果，或者此前提到的圆珠笔或拉链的工作原理。事后他们不仅降低了对这一问题的自我知识评估，甚至连本身的看法也不再那么极端。这是迈向实事求是地交换意见以及接近不同意见的人的第一步。

所以笔者在结束本章前给出的建议是：请不要沉浸于知道什么是第一的感觉，不要自满于你的立场好像有其道理的想法。主动对他人具体地说明你的立场，可以让你了解这个立场是建立在扎实的基础知识之上的，还是只是知识的假象。不妨进一步领会打破砂锅问到底的精神价值，因为真正的思考经常始于当我们背离既有的思考模式之后。这就是为什么要刻意将自己的思想打乱，尝试直面反方的立场，深入思考的原因。

你不时会发现，即使诚心诚意地想接纳对方的论据，仍旧会遭遇重重阻碍，毕竟我们得先找到不同的意见——朋友圈中很少有持截然不同意见的人，立场不同的媒体也几乎不存在。你可以继续寻找，希望可以在某处能发现持异议的人，或者至少一个能让你重新思索、拓展你的知识的观点；你也可以直接假设已经拥有了唯一可能和正确的真理，已经获得了全部的相关知识。凭着个人知识和内在感受，判断哪一种可能性较高。不过要小心，别被知识假象所害。

第21章 超自然的幻想

——为什么这个世界表面看似神秘，实则未必

贝蒂兴奋极了，姑姑给她的魔术滴液真的超灵！昨晚打扑克牌，在口袋里的迷你瓶的帮助下，她一个人"通杀"，其他人的牌就是没她的好。哇！从那天开始，她明白了：遇到重要的事情，一定得随身携带魔术滴液。不管是约会还是毕业考试，只要一瓶在手，她的人生就能保证万无一失。

可惜滴液的魔力只能维持14个小时。姑姑解释说，只有她富有魔力的双手才能赋予瓶中的水特殊的能量，一天后，魔力就会挥发殆尽。虽然贝蒂的生活因魔术滴液变得麻烦得多——每到关键时刻，她就必须去拜访姑姑，不仅耗时而且还得费心安排，但是她绝不敢冒关键时刻没有魔术滴液的危险。

尽管贝蒂后来的生活并不是诸事顺遂，不过她坚信，只要带着魔术滴液，一切安排就不会错。万事都按命运的法则而行，即使第一眼没看穿，事后她也能领悟其中的意义——上回让她失望的约会，就是要向她传达一个重要的信息，让自己为真正的梦中王子做好准备；考砸的数学考试也在告诉她，自己选错了专业。她充满感激地抚摸着手里的小瓶子。

贝蒂所经历的一切就是一个典型的超自然幻想案例。人们在经历一些奇妙惊喜或不可思议的事物的时候，脑海中会不禁闪出这样的念头：这绝不是偶然，背后一定有其意义所在！比如一些超越自然及普通人不知道的规律。

实际上，日常生活中充满了各种大大小小的奇迹和可能性，这些可能性促使人们做出超自然的联想。某一天，我们想起某个久无音讯的人，可是恰巧在这一天，他突然来电话了，好一个心电感应！刚刚陷入热恋的情侣，屡屡发现他们的相遇一定是冥冥中注定的，因为他们有数不尽的共同点：同一天生日，两个人的祖母有着相同的名字，童年都去过意大利的某温泉地度假……或许是宇宙的神秘引领，两人的人生之路在某一时刻交会，是缘分将他们牵在一起，因此恋爱的滋味倍加甜蜜！

无独有偶，不仅人生中奇特美好的经历让人产生超自然的联想，格外悲伤或大喜大悲、刻骨铭心的经历，比如走投无路时突然因奇迹获救的体验，也会让人觉得是超自然的力量在主导，就像尼尔斯和他怀疑的癌症。

尼尔斯震慑不已，他觉得自己八成得了癌症！明天一早，医生将会告诉他最终的检查结果。沮丧绝望的他迷失在偌大的城市里，望着街头咖啡店里嬉笑的人群，不禁悲从中来。自己的人生除了平凡无聊，什么也没有。当他看到一对年轻人在对着市中心的喷泉默默许愿时，一个念头突然闪现在他的脑海中，他也要为自己许愿，让疾病远离自己。因为此刻，他觉得自己唯一能做的只能是盼着奇迹出现。

第二天清晨，他接到了那个救赎电话——原来是虚惊一场，不是癌症，只是良性的组织病变。尼尔斯百分之百地确信，自己在喷泉旁许的愿应验了。此后，尼尔斯养成了定期去喷泉旁许愿的习惯。甚至无论是出差还是度假，他都会选择有喷泉的地方住宿。家人和朋友对他的这种执着无可奈何，妻子甚至为此和他发生口角，可是尼尔斯的信念却丝毫不为所动，因为他坚信许愿会给自己带来好运气。

尼尔斯的妻子认为，与其无谓地许愿，不如踏踏实实地做点儿实事，那样更能给自己带来好运。尼尔斯却不这么认为，他觉得正是那次许愿为他带来了奇迹，这不正说明许愿这样的仪式，可以表达自己的心声，进而让自己心想事成吗？同时，许愿并不影响踏踏实实地做事，为什么不保留对着喷泉许愿的仪式感呢？从此，对着喷泉许愿成了尼尔斯在生活中无法舍弃的仪式。

无数有过奇迹体验的人也和尼尔斯一样，余生彻底被这次体验所摆布，他们不愿意给自己一个反驳因此获益的机会。

严格地说，我们无法百分之百地肯定贝蒂和尼尔斯的情形不是一种虚妄的现象。在现实生活中，当人们无法直接观察超自然事物，只能揣测其背后隐藏的作用和力量，因此难以分辨究竟是假想的关联作用，还是仅仅是两个事件的偶遇——于是构成超自然幻想的绝佳条件。

同样，也有保证不是自然幻想在发挥作用，而是刻意蒙骗我们的案例，这就是魔术师以及（令人遗憾的）许多自称治疗师或江湖庸医牟利的办法。

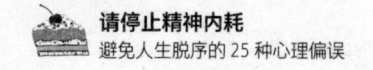

总的来说，有几种不同的心理机制可以助长自然幻想的倾向：

一、模型偏差（参阅第22章）促使人们发现似是而非的模型。

事实上，仅仅因为巧合而发生的事件被解释为非巧合事件。而且一旦它们并非出于巧合，那就一定是超自然的力量在发挥作用，这是普遍的看法。人们确实经常对偶然状态以及"好像不可能"现象的实际发生概率存在着错误的想象，这是心理学家托马斯·基罗维奇、罗伯特·瓦隆和阿摩斯·提维斯基发现的。比如掷硬币时正反两面（人头、数字）朝上的概率各占50%的事实，导致人们极易假设多次丢掷硬币的结果差不多应该是每面彼此交错着出现朝上。但这种想法是错误的，事实上同一面多次朝上（比如连续四次数字）的概率并不小，可是它不符合人们对"偶然"的想象。对"偶然"的典型评估错误，也出现在聚会、班级或其他社群中。发现有两个人是同一天生日的概率有多大？多数人本能地猜测可能性相当小，因此一旦遇见一个和自己同一天生日的人，就总是喜出望外（老天注定的缘分）。在人们看来，这种概率实在太低了，于是确信两人之间一定有着特殊的联系，或者从这个自认为不可能的巧合中得出另一个结论。然而，根据概率计算法则，在一个

23人的群体中，这种可能性差不多占到一半。

二、错误归因是另一个常见谬误，即人们把巧合的事件解释为因果关系。

一个典型的例子就是相信治疗各种感冒或其他疾病的家庭偏方。可以说，人们对这种家庭偏方的想象力真是无穷无尽，比如一杯热麦芽啤酒加少许橄榄油；胡萝卜汁加姜或半颗奇异果。只要略感喉咙发痒，无论我们吃什么，不出几日，感冒都很可能会自行消失，但有些人却觉得这证明了家庭偏方有效。"麦芽啤酒加橄榄油"和"痊愈"的事件发生巧合，便被解释成"麦芽啤酒加橄榄油让人痊愈了"。这样的解释往往还受到另一个机制的支持，即矛盾原则。

三、矛盾原则存在于无数据说可以帮助人们看清自己的未来，并为人们指点迷津的预言或占星术中。

实际上，这些指点都是似是而非的，为解释留下了极大的空间，无论他们如何解释都可看作是神机妙算。而可以让人发现预言之所以能命中或者和事实矛盾的看法，是他们不可能、也不愿意接受的。"这就让预言拥有了一个明显的优势，就是它们几乎无法被反驳"，哲学家马登·包德利和约翰·布莱克曼给出了这样的解释。另一个特点是，预言中的指示性描述都是进可具体化、退可隐喻化的。在"这个父亲的形象将起到举足轻重的作用"的暗示中,"父亲"既可以指生父,也可以指修辞上的父辈或保护者,或者一个机构,比如教会、国家甚至上帝。

种种现象都有助于形成超自然的幻想。这种幻想一旦形成就难以破除,因为我们自己会加以阻挠。

我们在日常生活中无法做到科学上的否证原则,也就是驳倒预言的刻意实验。比如进行两组对照实验,一组获得药物治疗,另一组没有。可能出现两组受试者无论是否服用药物,都同样健康或生病的情况;或者服用药物那组比较健康,表明药物可能有效;或者服用药物那组甚至病得更加严重,表示药物可能有副作用。然而事实上,我们的生活行为几乎是截然不同的,目前所知道的是——

- 每当我做了A,就出现B。
- 没有我做了C的例子。
- 因此我们无法知道,是否做了C之后也会出现B,而A根本不是B的先决条件。
- 此外,即使做了A,却突然没出现B,我们通常会将其忽略不计或泛泛地定义,尽管没有出现真正的B,结果也相差无几。矛盾原则让万事皆成为可能。

我们在日常生活中做事不能像科学家那样严谨本无可厚非，大家毕竟没必要刻意去测试自己的信念。既然个人信念迄今为止让人一直顺遂平安，何苦一定要去挑战命运呢？

于是最后只剩下一个问题：对自然的幻想危险吗？有必要查明真相吗？

对自然的幻想可以让我们的言行举止受到某些固定的模式及自认为的作用机制的引导，但实际上这些机制并不存在。

潜藏其中的危险是，如果我们在某些领域也依赖于对自然的幻想，比如健康问题，后果将不堪设想。比如受奇迹治疗报道的迷惑，有人企图用柳橙汁来治疗癌症；或者准爸爸准妈妈们故意让宝宝提前出生，以便他们的星座和父母的星座相匹配。

当然，也有无伤大雅的小确幸，人们因为相信自然力量而感到幸福快乐。比如今天早晨才想到心爱之人，中午就接到了对方的来电，真是开心雀跃，于是相信我们今天的联系是命运使然，所以特别留心对方的话语。对于这种双赢案例，不必在乎是否有自然幻想。

顺便告诉你，不一定非要相信存在自然幻想巧合，相信科学也可以安抚人心，获得精神支柱。针对许多宗教信仰具有减缓压力作用的报道，实验心理学家米格尔·法里亚斯提出疑问：是不是其他信仰形式也可以产生抚慰心灵的作用？

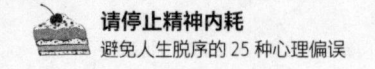

他的实验表明，如果把受试者引入心生恐惧的状态，比如意识到自己处于即将死去的危险中，他就会寻求心灵支柱，对科学的信任也胜过那些并未受到死亡威胁的对照组受试者。换句话说，人们借助于精神信仰可以找到心灵支柱，相信科学同样有安抚的作用。尽管缺少了一点儿魔力，却多了可靠性。

第22章 策略迷思
——为什么别人的成就好像经过深谋远虑

身为教授,笔者在大学也参与过师徒制计划,借着咨询与经验交换才走上学术研究之路。不少学员的目标是有朝一日可以获得教授的职位。玛雅对研究合作的主题特别感兴趣:"你怎么能正巧跟对的人建立人际关系?想必是基于策略规划性的合作吧!"

恐怕要让玛雅失望了。我和其他同事的合作大多是自然形成的,并不存在所谓的策略性征求标准。大家因学术会议而相识,双方在相同的主题上具有共同的意向,且因为过去已经有成功合作的经验,彼此又合得来,可以相辅相成,于是便各自以团员身份进入新的研究领域。是不是每次合作都从客观的策略性观点出发,会是比较聪明的做法呢?不得而知。或许其中有些决定是明智的,有些则不是,就像我的学术生涯一样。

玛雅好像大梦初醒一样，略微呼出一口气，"噢，我以为一位教授所取得的非凡成就的背后，全都是清一色的明智抉择，而且必须及早开始规划。听你说来，并不是这么回事呀。"

玛雅之前的错误结论也叫策略迷思。当人们看到结果时，他们就相信先前发生的事都产生了影响力，同时也是策略性导向的结果，另类结果或者引导人们走向相同结果的弯路好像在此并不重要。与此类似的看法，可谓俯拾皆是，它也是众多建议和咨询顾问开展工作的基础。

与玛雅差不多，许多妇女杂志或职业生涯杂志多次请笔者为女性的职业生涯提供指导或为想获得教授职位的人提出一些建议，他们希望笔者凭借个人的经历，为读者提供一个普遍适用的方法。

借助心理学的相关知识，我们知道杂志社发出这样的请求和提议的原因，是把个人的职业生涯看作了普遍成功策略的模型。众多已经经过科学而详细的分析的思考陷阱及认知错误，都可能在策略迷思中扮演重要角色，比如后见之明偏差、模型偏差和幸存者偏差。

后见之明偏差

后见之明偏差(也称回顾偏差),是形容事件发生之后的认知扭曲,过分高估事件的可预见性,事后想来好像一切都是显而易见且必然的结果。那个出身演艺世家的年轻人,其教师生涯之所以如此成功,肯定是因为这份工作要求具备创意与即兴创作的天分。那个被领养的女孩注定在伴侣关系上失败,因为她寻找原生家庭的阴影始终高于对另一半的兴趣。街角新开业的黄昏小酒吧生意那么兴隆,还不是因为附近有许多公司和企业。

后见之明偏差让人在事件发生后,无法对原因做出如同事前般的判断,于是回忆某人的生涯时,就会推断是有意的策略或至少是命运的安排。有趣的是,对于后见之明偏差,并没有好的应对办法——即使了解到这种偏差的存在,但每当评价过去的事件时,我们仍不可避免地一再出现判断扭曲。所以,事后某个特定观点经常被看作对一切的逻辑解释与关键因素。相反,对不可知的未来,我们却觉得各种结果都有可能。

事后看来,我可以把自己和设计及信息学者合作的研究重点,正面评价为科技整合研究的象征。不过我同时也预见了其中的危险，因为它偏离心理学的原始领域太远了（笔者也因此受到相关的批评）。尽管心中对未来结局没有把握，仍向着某一方向前进，这的确需要过人的勇气。他人常常充当着事后诸葛亮的角色，因此看事情会确定得多："当然了，分明是稳操胜券"或者是"当然了，结局必败无疑"。

除了后见之明偏差，模型偏差也会让人误以为在某人生平中看到彼此关联的事件时，毫无理由地将它们当作"有意义的整体"，实际上这些事件不但杂乱无章，而且受到诸多因素的影响。

模型偏差

模型偏差是描述人们倾向于将事实上并无关联的事物模型化。人们容易将偶然连续发生的事件解释为整体现象，虽然它们原本是各自独立出现的单一事件。一个著名的例子就是心理学家基罗维奇所说的篮球比赛的"热手"现象。研究指出，球迷、教练和选手本人都确信，假如某位选手此前已经多次投篮进球，他的"热手"就会有更大的概率让球再度进篮。从统计学的角度看，这种观点是错误的，投篮成功的人再次命中的概率并不会高出此前投篮失败的人（不过，确信"热手"说的选手却可以间接影响比赛的进行，因为队友做球给他的概率会大大增加，对手也会对他严防死守）。

模型偏差让人倾向于把连续发生的单一事件解释成整体的一个部分。所以当我们回顾人生旅途时，好像每个车站都在这个特殊情况下化成一连串充满意义、完整的步骤，甚至是策略性的计划。除此之外，反正大多只有那些极富意味的人生经历才能被人拿来分析，因为他起码在人生旅途中的某一站被冠上成功之冕，这就是幸存者偏差效应。

幸存者偏差

幸存者偏差（也称作幸存偏差）是指过分高估成功的概率。周围世界的所见所闻都是成功的个案，企业家、政治家、YouTube网红，全是取得成功的人。那些努力过却失败的人之所以留在了黑暗的角落，是因为他们毫无成就，我们当然也无从得知他们的命运。于是我们被成功者的故事包围着，而他们所做的每一件事就好像一把通往成功的策略钥匙。比如YouTube明星汤马斯·里奇韦尔经营的TomSka频道，目前拥有500万订阅者。他在一篇题为《YouTube网红成功秘诀大公开》的文章中解释，独树一帜相当重要："假如我公开分享自己的经验，可能对他人极有帮助。"只要做自己，成功就会来敲门？听起来好像天方夜谭一般，事实上并不是真的。有多少人愿意和大家分享他们的绝望经验，却没人愿意听？

了解了以上几种偏差，我们就会明白为什么想在他人生涯中寻找道路指南和成功配方的思考模式会如此盛行了。无数书籍与杂志都以极具吸引力的标题，如《我们能从女强人身上学到什么》或《两性的幸福秘方》等来吸引读者。

这个正确的秘方绝不是把争吵带上床，而是为双方和解提供必要的时间，不能只因为夜深了就强行提出要求。同样，让人佩服赞赏的成功人士，他们的生活习惯也会被人用放大镜检验，好像在传达一种信息，即成功正是这种行为方式的结果：科学家A每天早晨散步30分钟，演员B每天以一杯绿色奶昔开始富有活力的一天。……这些习惯肯定对许多人的身心有益，不过一杯绿色奶昔却不能保证演艺事业取得成功。事实是，成功是诸多因素共同作用的结果，甚至成功者自己也不清楚是什么引导自己走向成功的。

结论：研究他人的职业生涯，可以用来启发自己的灵感，却不应该期待它成为每个人的指引。研究选择哪一条路会获得什么结果，必定奥妙无穷，或许当真可以就此发现非同寻常的成功的关键要素，希望可以对你的个人生涯有所帮助。不过考虑到要降低风险，在接收他人指引之前，你要有心理准备，即使不能出现期盼的结果也不要在意。心理学家会说，保证成功的行为方式必须出自你的内心，而不是外来的动力。

换句话说，只有当你真正觉得绿色奶昔好喝时，你才会喝它。否则仅仅为了能得到一个令人惊艳的魅力，长期勉强自己吞下绿色浓稠的液体，盼望自己有朝一日被当成天才演员发掘出来，恐怕太不值得。同样，笔者也不会建议任何人只为给自己的履历添上一次有趣的经历，以期在求职面试时得到优待，就加入一项研究合作计划。你可以把履历写得很精彩，不过写出你真正感兴趣的经历才是最精彩的。

还有一点很重要，除了林林总总的秘方，千万别忽视那些尽管无聊、本质上却很重要的成功因素。以学术生涯为例，它包括百折不回的毅力、大量阅读、建立人际网络、时时刻刻检验自己的研究并产生新的主题。

请不要自欺欺人，其实你大概已经清楚需为成功付出什么代价了，通常勤奋与努力是必备的要素；挖空心思地寻找无须努力的成功秘诀的确相当诱人，不过却很少有人能因此实现目标。

第23章 验证陷阱

——为什么我们如此相信歪理邪说

约翰娜可以百分之百地肯定，小女儿在学校的英文程度之所以超越同龄人，要归功于出生前的胎教。因此她除了不停地夸赞小女儿是小天才，还逢人必推荐胎教，而不管对方想不想听：让宝宝在妈妈肚子里就习惯学习英语，每天看半小时英语节目，保证将来孩子的英文成绩得A。

应该如何看待约翰娜的这一观点呢？听起来还是极具说服力的。假如我们观察一下班上的同学，其他语言天才的妈妈们也一定在怀孕期间努力接触外文了。比如佩特拉在一家国际集团上班，她的女儿伊娜的耳边自然不断地回荡着英文，如今伊娜也是班里英文成绩经常得A的人之一。伊娜的双胞胎弟弟马克斯，接受的是同样的胎教，但他不是常得A的人，不过这完全归咎于他的懒惰。

正是这种方式，促成了个人信念与理论的形成。这些理论在人际圈中快速散播，某些智慧经过代代相传，令人深信不疑，比如只许在月圆那天剪头发，感冒要喝牛奶加蜂蜜，等等。

没人试图用实验验证理论的准确性（我不喝牛奶加蜂蜜，不也能恢复健康吗？）这就是验证陷阱现象。随便找到一个主张，然后把一切解释拼凑成符合逻辑的画面，理论所强调的内容就被看作证据：佩特拉的女儿伊娜的英文成绩之所以优异，是因为她在妈妈肚子里就接触了英文。不符合理论的矛盾现象，就用特殊的次要条件来开脱：佩特拉的儿子马克斯虽然具备相同的条件，不过因为他格外懒惰，所以成绩差。关键点在于要让主要理论保持完整，可以正常发挥作用。

所以验证陷阱长期下来可能导致我们对周围的世界形成错误的印象，在彼此毫不相干的事物中发现关联性。相反，尽管关联性显而易见，只要我们假设它不存在，也就不会发现它的存在。再加上有些理论甚至被描述成他人无法反驳的形式。比如有些治疗法认为，此时此地的问题必须追溯到儿童时期才能找到原因。如果案主真的提出一个亲子冲突的事例，就算找到了病因，证明理论是成立的；万一案主提不出任何和当前问题有丝毫联系的冲突事件，就只能证明一个理论：冲突可能带来极度深沉的痛苦，所以当事人急于将它压抑遗忘。

我们怎样才能将这些理论推翻？怎样才能证明不存在的冲突，而且还是在那段记忆残缺不全的时间里？其实无论案主如何说，诊断早已经确定了，那就是童年创伤。我们找不到可以推翻上述疗法的行为证据，它将此时此地产生的问题排除了，或许也将可以在此时此地发现原因甚至找到解决之道的可行性推翻了。

这类理论既不允许清楚地预测，也不允许予以反驳，所以它在学术上，首先就败在理论建构的最基本的要求下。不过在日常生活中，往往是疑云最重的理论，偏偏最容易渗透传播。尼斯贝特在其著作《简单思考！》中描写了此类理论的两个中心机制：特例解释和事后解释。

特例解释和事后解释

特例解释是针对某个理论的临时补充，旨在极力维护原理论的权威性。比如有这样一种说法，天蝎座的人喜欢逞口舌之争，接着又用特例进行补充性解释：逞口舌之争也可以用隐晦无声的形式表现出来。换句话说，天蝎座也可能在和自己吵架，于是这一理论遇到明显寻求和谐的天蝎座的人也同样成立。

典型的特例解释一般后面会跟着事后解释，也就是说事后解释出现在数据收集完以后。如果人们必须在数据收集前便清楚地预测天蝎座的人的日常言行，就不会出现所谓爱好和谐的天蝎座的人是在跟自己吵架的说法了。不过，我们也很乐于接受矛盾数据完全符合理论的事后解释。我们在事后寻找为什么结果可以获得合理的解释，却对应该仔细检验理论的理由视而不见。

特例解释和事后解释允许理论随意扩展，于是尽管存在着矛盾数据，但理论得以继续保留。因为正确的理解和错误的理论并存，于是我们设想每个特征之间具有实际上并不存在的关联性。反向推论偏差也经常在这一过程中扮演助推手的角色。也就是说，可以从某种特征推论出另一种特征，虽然这一特征根本不是决定前项特征的条件。抽象式表达：假设A是B的证据，我们通过反面推论也可以认为B是A的证据。

反向推论偏差

反向推论偏差是指人们仅凭少数有力的陈述或次要的特征推演出错误结论，尤其容易发生在当反向推论令我们受到恭维时，因此我们也特别愿意相信反向推论。

比如，高智商儿童在学校经常觉得无聊，导致上课总爱调皮捣蛋；那么，我的孩子经常上课捣乱，他一定是高智商儿童。这就是彻底错误的反向推论。上课捣蛋的人也可能是出于其他原因，并非全是高智商儿童。

同理，我们也可以自我欺骗，利用错误的反向推论导出一个错误的、往往是过度美化的自我形象。比如极其荒谬的阴谋论者，每每精心扮演着没被发掘出来的天才，认为广大社会怀疑的事物，就是他们聪明过人和立场正确的证据。套用一个公式化的说法：天才发明家如爱因斯坦，经常被当代人轻视嘲笑；我现在受人嘲笑，没人相信，那么我必定是天才。

人们容易受反向推论偏差误导的弱点也极可能被人刻意利用，伪装出事实上并不存在的特征。比如，聪明人经常使用复杂的语言和大量的外来词汇。这个人使用许多外来词汇，他一定很聪明。这是一个典型的反向推论错误，也是银行理财投资专员、保险推销员或其他推销产品的职业人士喜欢利用的人性弱点。除了外来词汇和专业词汇经常让客户摸不着关键问题，可以用来掩饰产品存在的明显的瑕疵之外，人们对销售员相当聪明的印象也成为促销的另一个方法：

人们会自动对他们产生敬畏之心，感到自叹弗如，于是因为不愿意当面出丑，羞于详细追问或者反驳其观点，结果就这样买了他的产品。

反向推论伎俩的高明之处，在于不容易被揭穿，因为它不一定是荒谬的。最起码在一些两个特征之间不存在完美关系的情况下，反向推论可以说是一个极好的启发法。

比如，质量好的葡萄酒一般价格昂贵；这瓶酒相当昂贵，所以质量也一定好。虽然高价格并非高质量的保证，不过二者之间的关联性并非不可能。应亲切的邻居临时邀约共进晚餐，于是在超市打烊前才冲进去想买瓶好酒当礼物的人，相比最便宜的酒，买一瓶中、高价位的酒大概比较符合他的期待。

我们在生活中会被众多案例蒙蔽双眼，因为反向推论至少可以引导我们找到一个正确的方向，于是我们倾向于随处滥用反向推论，任由它误导我们对他人和周围的世界设想出错误理论。因为我们不再去寻求反证，所以会留下错误假设，掉入验证陷阱中。

不过，这会对现实生活产生怎样的影响？验证陷阱和错误理论，将对我们的人生构成怎样的危害？或者仅仅是学术上的吹毛求疵？

首先，绝大多数人都不愿意对世界持错误假设，人们普遍愿意追求真理，得以窥见事情的真相（或者至少说服自己是这么做的）。况且错误理论也会带来严重问题：如果我们以错的理论为基础，推论建构自己的行为，那么我们就绝对无法达到预期的目标。不质疑理论，绝不可能获得答案，而继续运用行不通的方法，最终会犯下加码投资同一只股票的错误。

在个人和公共领域中，比如伴侣关系、政治、健康、教育等，可以看到无数缘木求鱼的案例。假如孩子不听话，那就是他在外面还没吸足新鲜的空气，没能释放过多的精力；假如我感到疲惫不堪，那就得喝更多的维生素果汁。……人们对自己的观点总是信心满满，万一不见效，就用"药量不足"加以解释，而不是怀疑"药品无效"，于是我们白白地浪费宝贵的精力，或者造成事情每况愈下。因为错误理论会妨碍研发实际有效的解决方法，反向推论在这里也不时阻挠人们寻找答案。以下是迈尔女士职业过劳的诊断个案。

- 信念：人如果工作过度，总有一天会垮掉。
- 观察：迈尔女士曾经有过神经崩溃纪录。
- 反向推论：所以迈尔女士必定疯狂工作过。
- 可想而知的解决方法：我们必须减少迈尔女士的工作量。

然而，职业过劳并非全都是因为工作"量"造成的，也可能是对工作的思考方式不当导致的，比如我们常常感觉必须对所有事情负责，必须掌控一切，导致大脑在休息时间也无法休息。所以尽管迈尔女士的工作量不断减少，但毫不令人意外，迈尔女士依旧未能好转。最终，她被调职，做起了无足轻重的工作，她的职业生涯也就此终结。迈尔女士灰心丧气，干脆不来上班了。

因此笔者在本章结束前提出以下由衷的建议：首先，"我们必须采取行动"的积极态度本身虽然值得赞扬，但绝不要仓促地冲动做事，因为出于善意的行为或许结果适得其反。行动前一定要详细检验行动背后的假设，并用批判的眼光来看待——

- 能确定事情的关联性是像我想象的那样吗？
- 进行检验工作了吗？
- 我的理论检验基础如何？最后我会被对立观点说服吗？

三心二意地只想寻找地球是平的证据的人，永远无法确定它是否真是圆的（反之亦然）。

第24章 专家陷阱

——为什么我们总在特别擅长的领域局限自己的思考

班感到特别骄傲，今天晚上的家长会上要针对学校数字化问题举行他发起的专家座谈会。身为家长代表，他为了替班级设计一个合理的计划案，需要其他家长的支持，家长也必须了解相关的专业知识。他希望大家在座谈会后可以理解计划案成功的关键所在，使得全体家长能齐心协力。果不其然，他成功地邀请到重量级专家参与座谈。他们分别是从事教育研究的当地大学教授、研发学习软件的公司总经理，以及一名拥有社会学学位、侧重研究数字社会转型的学术记者。他满怀期望地等待讨论会的开始。

可惜事与愿违，座谈会进行得完全不如预期，不但不能替孩子们找到有创意的解决问题的方法，还演变成了小组讨论会，其中还不时出现远离现实世界的专业术语，即便家长追问，这些专家好像也无法清楚且简明扼要地表达他们的观点和看法，或者为学生提出任何具体的建议。整个座谈会纯属在浪费时间。班失望地打道回府，途中，他的脑海里不断地盘旋着："这就叫专家？我不如去问街角的面包师傅或者随便从街上拉个人，说不定还能挤出一个不错的建议呢……"

班的想法不无道理，他和其他家长观察到的便是所谓的专家陷阱现象：一群专家一起被囚禁在其擅长的领域，同时也严重受限于思维视野。专家陷阱是一种专业背景相似者讨论问题时容易发生的典型危险。尽管事前大家都不熟悉，却在相同的概念基础及思维模式上建立了联系，话题总是围绕着一个狭小范畴中的细节展开，丧失了对整体格局的掌控。小团体被缠在根深蒂固的狭隘思考模式中，反而发挥不了创造力，无法在新的规则上思考。当然，这不会对团体成员本身立即造成严重影响，大家在熟悉的领域内活动，甚至感到很惬意，而且能够相互支持，最后再一次证实自己早已知道的事实。对于专家而言，这是相当愉快的打发时间的方式，但并不适合研究或发现新观点，或者为复杂问题寻找解决之道，因为它需要跨越既有

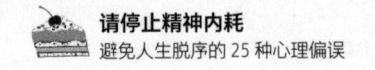

的视野界限。

就像心理学家古根布尔在《被遗忘的智慧》一书中所描述的：每个团体都形成了自己的说话和沟通风格，共同使用的词汇可以传达一种归属感和进步感。每个团体都会发展出特殊的共同点和独有的暗号。要成为专业团队的一员，个体就要拿出很多时间，并做出努力，但他本人并不一定能够意识到这一点。古根布尔认为，我们通常不会注意到自己的思考模式被职业身份所束缚，也不会认识到自己是典型的心理学家、社会工作者或飞行员，而自认为是独立思考与行动的个体，同时深信自己的话语是个人独立思考的结果。至于严重偏离市井小民的思维与问题、看法及思想观念，也会随着时间彻底融入个人所在的职业阶层，专家本人却往往察觉不到。

和家长会上的那几位专家一样，每个行业的个别代表也是这样，不管是医生、气候学者还是政治家。职业生活中越少接触同行之外的人、经常和臭味相投的人一起讨论事物的人，越容易落入专家陷阱和团队迷思的危险境地。

团队迷思

团队迷思的概念要追溯到心理学家厄文·詹尼斯的研究，它是指一种团队成员的思考模式最终会导致全体成员做出坏的决定，即便团队成员个个专业能力都很强也不可避免。尤其是当某团队曾经历过长期精诚团结的局面，正在努力寻求和谐共处时，产生团队迷思的危险就更高，比如党派、家庭或好友圈里。在进行内部讨论时，大家故意避免冲突发生，阻止明显的批判性问题被提出来。单一成员的水平思考空间和个人化的观点由此消失不见，团队和谐的重要性超越了任何对亟待解决问题的现实评估。无视信息不足、错估风险，也不考虑替代方案，一旦采纳某观点就不再对其加以检查和审视。

话说得慷慨激昂，结果却更加沉溺于某种想象之中，还自认为这是最佳解决之道。片面的内部讨论就此成为团队意见正确的铁证。如果有人小心翼翼地提出疑问，建议检查和讨论方案的可行性，马上就会招来四面八方谴责的目光，结果就是自动闭嘴。万一他继续质疑团队意见，其忠诚度就会受到质疑。

借助于一个巧妙的自我审查制度和对持异议者施加压力，一个团队优越性与强韧性的幻觉就形成了，最后做出了愚蠢至极的决策，还为此沾沾自喜。

古根布尔还说，导致团队迷思的原因，除了上述操纵团队意见的机制，还有一种心理因素：没人愿意承认自己的看法受到了他人的强烈影响。我对自己的观点的解释，是出于个人独立思考的结果，却不曾意识到刚才他人所说的对我思维的影响强度。如果一定要承认自己常常缺乏坚强的独立人格，只是"集体潮流的发声筒"，恐怕会让我们感到十分难堪。

尽管其中也有专家努力地放下身份，秉持"中立"态度进行思考，但实际上这并非一件容易的事情。

其中的原因之一就是学者艾瑞利所说的"知识的诅咒"，一种"个人世界认知偏差"（参阅第7章）的特殊形式。成为专家之后，个体就再也无法恢复从前那样无知的状态了；无论任何事，一旦你将其看穿，就几乎无法想象自己之前竟然是这样想的，所以人们倾向于认为其他人也同样认为事情简单、一目了然。尤其是让专家为他人解说问题，经常是极其困难的一件事，他们完全不会考虑对方具备多少基础知识，所以他们的解释只有内行人才能明白。

这实在令人惋惜，人们也因此难以从中学到新知识。要找到能开拓见闻的辩论会与演讲，的确是一件不容易的事情，这也是笔者偶尔研究电视节目的心得。我时不时会在新闻和教育节目中发现有趣的主题，心想："这太有趣了，我一定得看，终于可以实际了解它是怎么回事了。"可惜观后常常大失所望，看几分钟就干脆关掉电视机。不是解说得过于肤浅，还不如一般外行人已知的水平；就是解说得过于复杂，好像缺乏基本知识便不得其门而入。想从门外汉变成半瓶醋简直是一件不可能的事情，这也决定了在专家达人和外行人之间总是存在着不可逾越的鸿沟。

专家陷阱的相关知识或许可以让你对生活经验有所领悟，并因此更加了解身边的人：

- 人称学富五车的主讲人的演说却让你失望透顶，感觉还不如看一集《芝麻街》（美国公共广播协会制作播出的儿童教育电视节目）或《老鼠秀》（德国儿童节目），可能获益更多。
- 对身旁那些连最基本的观念和结论都不懂的人摇头，尤其当他们认为某些行为理所当然是正确的（因为我们都是这个领域的专家）。
- 他人对我们感到匪夷所思，因为他们觉得我们不愿意用心理解某种事物，或者因为我们夸口熟悉某个领域，却难以说明自己的想法、传达我们的立场……

与本书其他思考陷阱相较，避免落入专家陷阱的建议相当

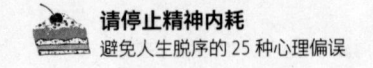

简单明确：身为专家的你，要设法和非专家建立联系，要试着让彼此了解各自的想法，直到双方无法理解和沟通的现象消失为止。一旦熬过这一阶段，就表示你在知识的鸿沟上成功地搭起了桥梁，从此可以骄傲地自称是跨过专家陷阱的专家了。

第25章　纯粹公正判断的幻想
——为什么心灵感染会阻止我们了解自己真正的想法

麦尔教授要聘用一名新博士生。面试前一天晚上，她再次翻阅对方的履历。应聘者克洛尔小姐喜欢踢足球……虽然与这项工作无关，不过想想还挺酷的。麦尔教授对她产生了一些好感，很期待对这位应聘者进行面试。她在脑海中逐一列出面试要谈的重要问题，并相当确定克洛尔小姐是正确的人选。不过突然之间，她的思绪变得纷乱："为什么我对候选人克洛尔印象如此深刻？是因为足球很酷吗？或者是因为我原本并不期待女生会热衷体育运动，所以才觉得酷？再或者是我觉得拥有一个踢足球的博士生这个想法很赞？倘若换成一个踢足球的男生，我也一样会觉得酷吗？自己的判断是否被克洛尔小姐不寻常的兴趣左右而扭曲了？"

麦尔女士感到困惑极了，身为学术工作者和理性思考者，她不是应该心明眼亮吗？在震惊不已的同时，一时之间她有些不知所措了，她是否对关键点，也就是候选人的学术能力资格做了充分审视？假使面试前就已经这样，那又如何做出公平的抉择："我对其他候选人也同样开明与宽容吗？怎么确定自己是在纯粹地评价克洛尔小姐的学术工作能力，而没有其他的意图？如何抛开我对这位酷酷的小姐的先入为主的印象呢？"她对明天的面试开始感到忐忑不安了。

在科学上，这种现象被称为"心灵感染"：对人或事物进行纯粹、无误，并符合我们最初真实意见的判断基本上是不可能的，因为随时都有外来因素或多或少地强烈影响着我们的意见——过去的经验、偏见、社会标准等，浸染着人们的思维方式。只要我们接收了一条信息，就无法阻止自己的判断受其影响。如果事先不知道这种蛋糕是有机产品，我仍然会认为"健康"蛋糕比较好吃吗？倘若汤姆并非出身世家，不可能继承巨额财产，那么弗丽达还会选择他吗？假使麦尔教授事前根本不知道克洛尔小姐的爱好，她仍旧会邀请她来面试吗？

心灵感染的复杂之处在于，我们并不清楚每个单一因子的影响强度。就算亟欲进行客观判断，我们也无法排除感染因素，做出"真实"的判断。心灵感染阻止我们弄清楚自己的内心真正在想什么，其影响力可谓遍及各个领域。比如，不自觉地根植于内心的"女性在技术性工作方面的资质平庸"的偏见，或许会令应聘技术职位的女性得不到面试的机会。

同样，这种成见也可能让人认为，正是因为这位女性"尽管天生障碍"仍旧勇于尝试挑战性任务，因此获得了印象加分，幻想她或许拥有雄心壮志和极强的执行力，甚至为此放弃其他男性求职者而优先邀请她面试。这种做法也违反了公平原则，因为这位女性受到了非普通求职者的特殊对待。

人们不仅可能因为男女差别而受到不平等的对待，相同的原则也反映在所有能区分人类并可能成为各种结论根源的特征上，比如人的年龄、文化或家庭背景、国籍。最后没人可以确定，这些特征信息对判断他人会造成多么大的影响，甚至大到无法做到真正的公平。

心灵感染现象的关键，尤其体现在会对后续产生深远影响的判断发挥作用，比如招聘面试或学校成绩评量、学位与职业，包括一切以公正、平等对待为评判标准的公共决策。

大多数人就算明知存在心灵感染的危险，努力控制判断扭曲，也无法有效地遏制心灵感染，以至于所有学术界讨论的遏制心灵感染的措施都难以发挥作用。学者提摩西·威尔逊在有关心灵感染的著作章节中指出，控制心灵感染的最有效的方法是曝光控制：彻底远离违背心意的影响因素，事先防范个人判断受到感染。

曝光控制反制法

以曝光控制作为反制，避免发生判断扭曲的方法之一，是取消应聘数据的照片与性别栏。不知道应聘者是男是女，便不会受到这种因素的影响。不过从实际情况来看，曝光控制原则也有其界限，而且一定要配合其他条件进行：作为决策者，首先要了解感染因素有哪些，同时必须将其作为主题提出来，以便进行检查和讨论。

要求履历撰写人不可以注明性别的同时，也等于承认自己的判断会受到性别信息的影响。并不是人人都愿意公开承认自己的无能，并有针对性地采取相应的措施。就算是采取了相应的措施，其效果也极其有限，早晚会受到感染，比如当应聘者坐在你的面前时。

当然，曝光控制原则相当烦琐，因此比较适合用于正式的程序。在日常生活中，我们根本没法儿随时随地避免非自愿接收信息，进而影响对他人的整体印象，或许还会因此产生"不公平"的判断。除此之外，并不是所有人的自我批判性都像本章开头的麦尔教授这样高，能够及时察觉到检验判断的必要性。大多数人都会败在所谓的免疫错觉上，自认为有能力不受扭曲的影响因素的感染，能够做出理性且清楚的判断，不需要采取任何反制措施。

免疫错觉

免疫错觉是指判断不受扭曲的错觉。人们知道自己可能受到非重要信息的影响，却仍旧认为自己有能力排除这些外来因素，相信自己具备对抗心灵感染的免疫力。他们相信自己的判断不受扭曲，能自由决定，套句常见论调就是："我知道……不过将其抛开不谈，我的意见是……"

很多人也相信自己可以理性地看待广告，购买时不会被"洗脑"。我们当然没有心灵感染的证据，毕竟他或许本来就认为产品A的说服力比其他竞争品牌高，完全不受广告保证的迷惑。不过话又说回来，假如消费者不会受到广告影响，那么厂商又何必花大钱用于广告营销呢？

　　学者威尔逊和南希·布雷克认为，心灵"中性化"，即让扭曲因素无效的方法也相当难以实行。因为当我们认识到一条信息，比如广告信息时，它就已经影响到我们的判断了。为了对心灵感染产生免疫力，我们必须在认识到信息前，先把它放在一个所谓的临时储存场所，对其内容真实性进行验证，过滤掉错误的结论后，再将它以中性化的形式放入我们的意识中。

　　遗憾的是，大脑中并没有此类临时储存场所。众多事实表明，人们过高地估计了自己的免疫力，自愿将自己暴露于险境之中，也为心灵感染提供了温床。特别是在进行重要判断时，他们缺少发现评估错误的能力。

　　和酒精的影响力相仿，我们在清醒时承认酒精会降低认知与判断能力，只要饮酒超过一定的量，就不适合做重大决定或操控方向盘了。偏偏当人酩酊大醉时，理性就消失了，心中产生了一股认为自己具有对抗酒精副作用的免疫力的感觉，相信自己的驾驶能力没受影响。酒驾报告显示，不少酒驾者的酒精测试值甚至高达令人匪夷所思的程度，这也证明了这一现象的存在。

免疫错觉除了和心灵感染相关，还牵涉到其他陷阱。所以免疫错觉又可以称为"超级偏差"，其影响范围超越其他一切偏差，这也导致许多思考陷阱启蒙书籍的效果大打折扣。因为人们就算知道存在思考陷阱，还是容易轻视它们，进而成为受害者，这就是所谓的"偏见盲点"。

偏见盲点

学者普洛宁、丹尼尔·林和罗斯在斯坦福大学进行的"偏见盲点"研究中发现，尽管受试者事前已经得知有关陷阱的详细说明，依然会出现思考错误与判断扭曲的问题。以其中的一项研究为例，普洛宁团队先向受试者说明了"优越感偏差"（或称过度自信效应），也就是自认为个人能力高于一般人的错误结论（从统计学角度来看，不可能适用于任何人），然后受试者填写了一份不同人格特征的自我评估量表。虽然他们事前了解了效应概念，知道一般人会存在自我评价过高的趋势，但他们对自我优点的评价，比如可靠性等，仍旧比一般人高；而缺点，如自私则要比一般人低。即使明知存在此类扭曲效应，人们也相信他人会落入陷阱，自己却可以免疫。无论普洛宁团队告诉受试者存在什么效应，受试者始终认为自己的免疫力比一般人高。

普洛宁、普奇欧和罗斯在其著作《了解误解》中说，对自我认知错误的盲点也容易使人与人之间的冲突尖锐化。我们总是可以轻易地辨别他人扭曲的自我认知，并因此做出负面判断：这个人又犯了颠倒是非的毛病，还自认为高人一等，自我形象严重扭曲。可是反过来却十分自信，认为自己可以看到事物的真相。

这对你的日常生活会造成哪些影响呢？心灵感染的负效应到底有多严重？我们需要避免一切偏差和认知扭曲吗？

关于心灵感染，可以说，虽然影响着一切日常生活，却不一定会造成严重的后果，因为我们无须、或许甚至不应该做到绝对"中立"的判断。假如不存在这些或那些信息，我们可能不认为自己的伴侣多有魅力——倘若对方的某些性格特征变得前后截然不同，我们是否还会像从前一样爱他／她；或者万一我们和最好的朋友之间有一方搬家或生活状况彻底改变，我们和对方是否还会这么要好？

"只评价人的核心"是一项充满挑战的任务，哪怕我们在此所做的判断也会受到各种各样的因素影响。不过，耗费心力分析个别因素可能根本就是多余的举动，只要我们对整体结果感到满意就可以了，何必在乎判断"从何而来"。

反之，倘若判断必须具有客观性，比如当我们的决定必须对他人负责、有理有据，或涉及公共讨论和影响扩及他人的决定等普遍状况时，"从何而来"就是关键问题。此外，心灵感染也经常是通往自我认知道路以及如何思考事物本身的障碍。社会期待（参阅第1章）和身旁他人的意见也能影响我们的判断，只要他人的判断乍听起来合情合理，我们甚至不经过自我逐步反省和思考就会予以采纳，使其成为自己的见解。

假设这种现象一再出现，就可能造成不实言论的四处传播。比如人们已经无法自主分辨无数的政治言论是否正当合理，或者仅仅因为听过就认定其正确。我们大概永远做不到绝对中立和公正判断，不过起码应该对可能的感染因素进行思考，和他人就我们的判断进行讨论，尤其要承认自己不是免疫的。

至于各种偏差与认知扭曲可能引发的危险，差不多可以一言以蔽之：思考偏差是一把双刃剑。

一方面我们需要它。请诚实地面对自己，这个世界是一个艰难严酷的地方，我们需要一定量的思考偏差作为感觉情绪的绿洲。思考偏差让我们不必太过严厉地对待自我，帮助我们在自己犯错误的时候，做到睁一只眼闭一只眼，宽容原谅那些人生中不可避免的错误。

另一方面，它经常是达成自我目标以及与他人和睦相处的绊脚石，比如被拒千里的思考陷阱（参阅第8章）、情绪修复偏差（参阅第12章）、自我破坏陷阱（参阅第1章）或者自我设限现象（参阅第5章）。思考偏差常常令我们严以律人，宽以待己，导致缺乏体谅别人"非理性"行为的心理。

尽管你不可能成功地真正了解这些认识（这可以谅解，要归咎于免疫错觉），但请记住，你也会败给偏差，也会落入思考陷阱，所以请不要待人过于严苛，因为别人和你一样，不会被人另眼相看。